新型农民现代农业技术与技能培训丛书

淡水鱼繁殖工培训教材

曹克驹　编著

金 盾 出 版 社

内 容 提 要

本书是“新型农民现代农业技术与技能培训丛书”的一个分册，由华中农业大学曹克驹教授编著。内容包括：淡水鱼繁殖工的岗位职责与素质要求，淡水鱼繁殖工须具备的基础知识，四大家鱼的人工繁殖，产半浮性卵鱼类的人工繁殖，草上产黏性卵鱼类的人工繁殖，石砾、沙底产卵鱼类的人工繁殖，筑巢产卵鱼类的人工繁殖等。本书从强化培养操作技能、掌握一门实用技术的角度出发，较好地体现了淡水鱼繁殖岗位当前最新的实用知识和操作技能，理论深入浅出，语言通俗易懂，适用于县(市)、乡(镇)和农业企业淡水鱼繁殖工的岗位培训，亦可供广大青年农民和农业院校相关专业师生阅读参考。

图书在版编目(CIP)数据

淡水鱼繁殖工培训教材/曹克驹编著．—北京：金盾出版社，2008.3

(新型农民现代农业技术与技能培训丛书)

ISBN 978-7-5082-4948-3

Ⅰ.淡… Ⅱ.曹… Ⅲ.淡水鱼类-繁殖-技术培训-教材 Ⅳ.S965.101

中国版本图书馆 CIP 数据核字(2008)第 001974 号

金盾出版社出版、总发行

北京太平路 5 号(地铁万寿路站往南)

邮政编码：100036 电话：68214039 83219215

传真：68276683 网址：www.jdcbs.cn

封面印刷：北京百花彩印有限公司

正文印刷：北京金盾印刷厂

装订：第七装订厂

各地新华书店经销

开本：850×1168 1/32 印张：6 字数：140 千字

2008 年 12 月第 1 版第 2 次印刷

印数：10001—20000 册 定价：9.00 元

新型农民现代农业技术与技能培训丛书

序　言

中共中央国务院［2007］1号文件明确指出，加强“三农”工作，积极发展现代农业，扎实推进社会主义新农村建设，是全面落实科学发展观、构建社会主义和谐社会的必然要求，是加快社会主义现代化建设的重大任务。

我国农业人口众多，发展现代农业、建设社会主义新农村，是一项伟大而艰巨的综合工程，不仅需要深化农村综合改革、加快建立投入保障机制、加强农业基础建设、加大科技支撑力度、健全现代农业产业体系和农村市场体系，而且必须注重培养新型农民，造就建设现代农业的人才队伍。

胡锦涛总书记在党的十七大报告中进一步指出，要培育有文化、懂技术、会经营的新型农民，发挥亿万农民建设新农村的主体作用。

新型农民是一支数以亿计的现代农业劳动大军，这支队伍的建立和壮大，只靠学校培养是远远不够的，主要应通过对广大青壮年农民进行现代农业技术与技能的培训来实现。金盾出版社在对农业岗位培训进行广泛调研的基础上，与中国农业大学老科技工作者协会、华中农业大学老教授协会等单位共同策划，约请数百名农业专家、学者参加，组织编写了“新型农民现代农业技术与技能培训丛书”（以下简称“丛书”）。“丛书”坚持从现阶段我国青壮年农民的文化技术水平出发，突出现代农业技术与技能的传授，注重其先进性和实用性；“丛书”以教材形式编写，共有88个分册，涉及81个农业岗位，除水稻农艺工、蔬菜园艺工、蔬菜植保员、果树植保员分南方本和北方本外，其他均为一个岗位一本培训教材，以方便县（市）、乡（镇）、村组织新型农民培训和农业企业进行岗位培训时选用。“丛书”的组编和出版，还得到了河北农业大学、沈阳农业大学、西北农林科技大学、甘肃农业大学、北京农学院、山东畜牧兽医职业技术学院、大连民族学院、中国农业科学院茶叶研究所、中国农业科学院油料研究所、中国农业科学院郑州果树研究所、中国农业科学院特产研究所、中国农业科学院桑蚕研究所、中国养蜂学会、内蒙古自治区农牧科学院、甘肃省蔬菜研究所、山东省果树研究所、广西壮族自治区柑桔研究所、山西省畜牧兽医研究所等单位部分专家、教授的支持和参与，并列入劳动和社会保障部《全国职业培训与技能鉴定用书目录》，进行推荐，使我们深感欣慰，在此表示衷心感谢。我们希望和相信，通过“丛书”的出版发行，能为新型农民队伍的发展壮大贡献一份力量，也能为现代农业技术与技能培训积累一些可供借鉴的经验。

“丛书”编写时间有限，各分册存在不足或错漏在所难免，恳请同仁和各使用单位批评指正。

编 委 会

2008 年 1 月

前 言

鱼类人工繁殖是解决鱼类养殖生产苗种来源的主要途径，它对大力发展淡水渔业生产具有十分重要的作用。为了贯彻“全民科学素质行动计划纲要”，普及与传授鱼类人工繁殖技术与技能，提高现代新型农民的科学素质，特编写了《淡水鱼繁殖工培训教材》。期望通过培训或自学，使具有初中以上文化水平的青年农民，具备适应现阶段先进农业水产养殖岗位或工种的业务和技术素质。

本教材以四大家鱼为重点，比较详细和系统地介绍了我国淡水传统养殖鱼类和一些主要名特养殖鱼类的人工繁殖技术与技能，包括鱼类人工繁殖的生物学基础知识、养殖鱼类的繁殖习性、亲鱼培育、人工催产和孵化等内容。在着重介绍可操作性应用技术的同时，适当加强了基础理论和基本知识的传授。

由于时间仓促，笔者水平有限，书中不妥之处在所难免，敬请广大读者批评指正。

编著者

2007 年 10 月

目 录

第一章　淡水鱼繁殖工的岗位职责与素质要求

目前,随着人民生活水平的提高和我国对外贸易的发展,国内外对水产品的需求量日益递增。但由于滥捕酷捉、工业与农药污染、修建水利设施等原因,破坏了一些经济鱼类的产卵场,致使不少鱼类资源日趋衰竭。人工养殖所需苗种供不应求的矛盾日益突出,在苗种数量上和种类上已渐渐不能满足生产的需要。为使水产养殖业持续、稳定和健康的发展,必须开展人工繁殖工作,以解决鱼苗的供应问题。

自 1958 年我国首次使用生态与生理相结合的人工催产法,突破鲢、鳙人工繁殖后,半个多世纪来,我国对四大家鱼等鲤科鱼类的人工繁殖技术进行了长期的研究与实践,总结出了一整套行之有效的鱼类人工繁殖方法与技术,现已在全国广为普及,并能进行规模化的鱼苗生产。而且,这套技术还应用到近些年发展起来的 20 余种淡水名特优养殖鱼类的繁殖与育苗中,同样取得了良好的效果。目前,我国鱼类养殖生产所需鱼苗基本上采用人工繁殖方法获得,从根本上解决了淡水养殖生产中苗种来源问题,为有计划地发展淡水渔业生产提供了良好的物质基础。

鱼类的人工繁殖是指在人工控制条件下,使亲鱼的性腺发育成熟,产卵、受精和孵化出鱼苗的一系列过程。整个过程一般可分为亲鱼培育、催产和孵化 3 个主要环节,俗称“三关”。亲鱼培育是通过人为的培育管理,促使亲鱼的性腺正常发育与成熟;催产是利用催产剂,在水温、溶解氧等外界环境条件的配合下,使亲鱼发情、排卵和产卵;孵化是创造良好的环境条件,使受精卵进行正常胚胎发育,孵出鱼苗。这三个环节是紧密相连、承上启下的,只有全面抓好,才能达到预期目的。人工繁殖的目标就是要为淡水鱼类的增养殖提供大量优质的鱼苗,为发展我国淡水渔业生产服务。

一、淡水鱼繁殖工的岗位职责

淡水鱼繁殖工是水产养殖生产的重要岗位之一,具有既要常年坚持不懈,又要短期突击,抓季节、抢时间、昼夜奋战的工作特点。淡水鱼繁殖工是养殖场进行四大家鱼等人工繁殖的骨干力量。在单位分管技术工作的领导和组长的领导下,在技术人员的指导下开展工作,完成单位所制订的年度鱼苗生产任务。其具体职责如下。

第一,承担鲢、鳙、草鱼、青鱼、鲤、鲫、鲂等传统养殖鱼类和某些名特鱼类的人工繁殖工作,包括繁殖鱼类的亲鱼培育、催产与孵化等相关工作。

第二,做好亲鱼的常年培育,培育出符合要求的成熟亲鱼。工作内容与要求包括:进行亲鱼培育池的清整与药物消毒;合理放养亲鱼,掌握选留亲鱼的标准以及雌、雄亲鱼的鉴别方法;抓好不同种类亲鱼的培育,掌握培育中施肥、投喂和调节水质、水流等促进亲鱼性腺发育的技术措施;做好亲鱼培育的日常管理,每日巡塘,观察水质变化和亲鱼摄食活动情况,防止亲鱼浮头;坚持“四定”投喂,打扫食场,清除池边杂草,施药防治鱼病,并填写亲鱼培育日志。

第三,承担人工催产与孵化工作,努力提高“三率”。具体内容包括:做好催产与孵化的各种准备,清洗安装产卵与孵化设施,确保生产正常运转;适时进行人工催产,掌握亲鱼拉网、选鱼、配药、注射、人工采卵和授精的方法与技能以及黏性卵的脱黏和鱼巢扎制方法;熟练掌握不同孵化器(特别是孵化环道)的孵化管理方法与放卵密度,定时测量水温,调节水流,洗刷滤水纱窗,清除卵膜,进行鱼卵、鱼苗的收集与计数；做好催产与孵化记录，记录亲鱼发情与产卵时间、鱼苗出膜与收集时间、产卵数与出苗数等，统计催产率、受精率与出苗率，这“三率”在生产上可作为衡量人工繁殖技术水平高低与管理工作优劣的重要考核指标。

第四，注意调查研究，定期总结各阶段工作的执行情况，发现问题及时向领导反映，并提出合理化建议；积极参加生产单位进行的有关鱼类人工繁殖的科学实验工作；保护与爱护人工繁殖设施、设备和生产工具，参加繁殖生产基地的维修和改造工作；协助维护产卵孵化场所的水、电畅通，出现事故应立即采取有效措施排除；做好防洪、防污、防火、防盗、防破坏等安全卫生工作。

二、淡水鱼繁殖工的素质要求

(一)思想素质

第一，拥护党的四项基本原则和各项方针政策，遵纪守法。遵守生产单位的有关规章制度和鱼类人工繁殖的有关规定和生产操作规程。

第二，具有良好的职业道德与品德修养。服从统一指挥与安排，明确职责分工，各司其职、团结协作。具有开拓与创新意识，有求实和奉献精神。作风正派，能团结同事，并虚心向技术员和有经验的师傅学习。

第三，热爱本职工作、有责任感。工作踏实、勤奋、认真细致、不畏艰苦。坚守岗位，认真观察，维护繁殖场所的安静环境。

(二)技术业务素质

第一，必须具有初中以上文化水平。

第二，熟悉鱼类人工繁殖生产的全过程。基本了解与本门业务有关的专业基础理论和基本知识。掌握有关鱼类人工繁殖的基本技术与操作技能。具有在技术员指导下，承担本岗位职责，完成交办的各项任务的工作能力。上岗前须进行技术培训，经考核合格方可上岗。

另外，一名合格的淡水鱼繁殖工除具备上述条件外，还需身体健康，能胜任鱼类人工繁殖工作。

第二章　淡水鱼繁殖工须具备的基础知识

繁殖是鱼类一生中的一个重要环节。这个环节在与其他环节的相互联系中,保证了种群的增殖和种的保存。各种鱼类的繁殖有其共同的特点,但每种鱼又有一些独特的生殖条件,这些特点是鱼类对环境长期适应的结果。了解与掌握淡水鱼类的性腺发育规律和繁殖生物学特性,可为正确解决人工繁殖问题、制订合理的人工繁殖策略与技术措施、提高人工繁殖效率,提供可靠的生物学基础和理论依据。

一、鱼类性腺的发育

所谓性腺是指鱼体内产生生殖细胞的组织。雄鱼的性腺为精巢,雌鱼的性腺为卵巢。性腺位于消化道背侧、鳔腹面两侧,呈长囊状或圆柱形,一般成对,左右对称。末端有 2 根很短的管(输精管或输卵管),合而为一,通于泄殖窦,经泄殖孔开口于体外。

鱼类的性腺是由体腔背部 2 个隆起嵴(生殖褶)发育而成。生殖褶由上皮细胞转化成原始生殖细胞时,雌、雄分不出来;当进一步分化成卵原细胞或精原细胞后,便以不同的方式发育为卵子或精子。

(一)卵子和精子的发育

1. 卵子的发育　鱼类卵巢内腔(卵巢腔)的内壁有突出的横膈皱襞,称为产卵板(蓄卵板),为产生卵细胞的地方。鱼类卵子的发生需经过 3 个时期:即卵原细胞繁殖期、卵母细胞生长期和卵子成熟期。以卵子形成过程中的细胞学特征为依据,将性细胞的发育分成6个时相。

(1)*卵原细胞的繁殖期* 卵原细胞经若干次有丝分裂,细胞数目不断增加,当卵原细胞停止分裂后,开始长大,向初级卵母细胞过渡。此时的卵原细胞称1时相卵原细胞,以此时相卵原细胞向初级卵母细胞过渡为主的卵巢称第Ⅰ期卵巢。

(2)*卵母细胞的生长期* 此期又可分为小生长期和大生长期两个时期。小生长期主要是以初级卵母细胞的原生质和核增长为特性,此时细胞体积增大,直到在卵膜外形成单层滤胞膜为止,此称2时相卵母细胞,以该时相初级卵母细胞为主的卵巢称第Ⅱ期卵巢。性未成熟的鱼常有相当长时间停留在此期。

大生长期是初级卵母细胞积累营养物质的时期。依细胞内卵黄沉积程度,可分为卵黄开始沉积时相(3时相)和卵黄充满时相(4时相)。前者表现为初级卵母细胞体积显著增大,并开始沉积卵黄,滤泡膜分为2层;后者是初级卵母细胞长到最终大小,整个细胞质内充满卵黄,卵黄颗粒形状不一。以3时相卵母细胞为主的卵巢称为第Ⅲ期卵巢,以4时相初级卵细胞为主的卵巢称为第Ⅳ期卵巢。

(3)*卵子成熟期* 为完成营养质生长的卵母细胞进行核成熟变化的时期。卵细胞的成熟包括生长成熟和生理成熟两层含义。初级卵母细胞体积不再增大,卵黄粒开始融合成块状,细胞核极化(向卵膜孔附近移动),核膜溶解,处于这种状态的卵母细胞,称为生长成熟。随后,初级卵母细胞进行第一次成熟分裂(即减数分裂),放出第一极体(只含极微量原生质),此时卵细胞由原来的初级卵母细胞变为次级卵母细胞。紧接着次级卵母细胞又进行第二次成熟分裂(平均分裂),变成成熟的卵细胞。鱼类卵细胞的第一次成熟分裂和第二次成熟分裂的初期在体内进行,卵产出到受精之前停留在分裂中期。四大家鱼卵子停留在第二次成熟分裂的时间很短,一般只有1~2小时。通常将此过程称为生理成熟。

在生理成熟阶段，卵细胞进行成熟变化时，成熟卵细胞的滤泡膜破裂，于是成熟的卵细胞排出滤泡之外，落到卵巢腔中而成为游离的成熟卵，此过程称为排卵。以处于流动状态的5时相次级卵母细胞为主的卵巢称为第Ⅴ期卵巢。已完成成熟和排卵，处于游离状态的成熟卵，在适宜的条件下，从卵巢腔经生殖孔产出体外，此过程称为产卵。可见生理成熟需完成排卵和产卵两个不同的生理过程。在正常情况下，排卵和产卵是紧密衔接的，排卵后卵子很快可以产出体外，卵子产出体外受精后才放出第二极体，完成第二次成熟分裂。卵子成熟期一般很快，仅数小时或十几小时便可完成。

产完卵后的卵巢，主要为2时相的初级卵母细胞和已排出卵的空滤泡膜，还有少量未产出的成熟卵正在退化吸收。此期的卵巢称第Ⅵ期卵巢。

在鱼类人工繁殖中，常提及过熟一词。过熟的概念包括两个方面：即卵巢发育过熟和卵的过熟。

卵巢发育过熟是指卵的生长过熟。当卵巢发育到第Ⅳ期中期或末期时，卵母细胞已生长成熟，正等待适宜条件进行成熟分裂，此时的亲鱼已达到可催产的程度，人工繁殖生产中称亲鱼已经成熟。在此等待期内注射催情激素能产生正常成熟排卵的反应，可获得较好的催产效果。由于等待时间有限，过了等待期，卵巢对催产剂不敏感，不能引起亲鱼正常排卵。这种由于催产不及时而引起卵巢发育过熟的现象，称为卵巢发育过熟。

卵的过熟是指卵的生理过熟。已排出滤泡的成熟卵，由于未及时产出体外或未及时人工授精而失去受精能力。即成熟卵因条件不适应，错过了产出的时间，而变成过熟卵退化、吸收。一般排卵后，卵在卵巢腔中适当成熟的时间只1～2小时，此时的卵称为成熟卵或适当成熟卵；超过了此时间的卵称过熟卵；尚未达到此时间的卵称未成熟卵。

2. 精子的发育 精巢内有许多排列不规则的圆形或长方形的壶腹。壶腹由许多孢囊(精子囊、生精囊)构成,孢囊中充满生殖细胞。壶腹的中央为空腔,精子成熟时,孢囊破裂,精子进入壶腹腔。鱼类精子的形成过程可分为繁殖生长期、成熟期和变态期 3 个阶段。由原始生殖细胞经无数次有丝分裂,形成大量的精原细胞,直到分裂停止,细胞进入生长期,形成初级精母细胞。

初级精母细胞(为双倍体)经第一次成熟分裂(为减数分裂),变成 2 个体积较小的次级精母细胞(单倍体);随后进行第二次成熟分裂(为有丝分裂),每个次级精母细胞各形成 2 个体积更小的精子细胞。即经二次成熟分裂后,每个初级精母细胞分裂成 4 个精子细胞。

精子细胞经过一系列复杂的发育过程,最后形成精子。精子由头、颈、尾 3 部分组成,形体小。尾部细长,是精子的运动器官。

(二)性腺发育分期

1. 性腺成熟度的划分方法 鱼类性腺成熟度等级的划分,目前常用的有形态目测法、成熟系数测定法、卵径测定法和组织学测定法等不同方法。这些方法基本上都是以卵子(或精子)在形成过程中所产生的在形态、色泽、体积、重量和透明度等方面的变化特征为依据的。生产上一般是通过对新鲜鱼体解剖,取性腺观察其外部形态特征并称其重量,且以卵巢为主进行划分。现介绍前两种方法。

(1)*形态目测法* 用肉眼观察性腺发育,按不同时期所表现的外部形态特征来划分。包括外形、颜色与透明度(早期卵巢呈白色透明,后期因沉积卵黄而多呈橘黄色)、体积大小(即性腺占体腔的比例,成熟时性腺可占体腔的 4/5 或充满体腔)以及血管分布情况(血管越粗大、分枝越多,性腺越成熟)等。

(2)*成熟系数测定法* 性腺的重量变化是表示性腺发育程度

的重要指标，成熟系数是衡量性腺发育的一个标志。性腺重量占鱼体重量的百分比，称为成熟系数。一般讲，成熟系数越大，表明亲鱼的性腺发育越好，卵（精）量越多。将鱼解剖，取其性腺称重，依下式计算卵巢成熟系数或精巢成熟系数。

$$\text{成熟系数}=\frac{\text{性腺重}}{\text{鱼体重（一般用去除内脏的体重）}}\times 100\%$$

性腺发育中最常用的为卵巢成熟系数，其周年变化能清楚地反映出性腺成熟的程度。四大家鱼的卵巢成熟系数，一般第Ⅱ期卵巢为1%～2%，第Ⅲ期为3%～6%，第Ⅳ期为14%～22%，最高时可达30%以上。临近产卵时最大，产卵后降低。

性腺成熟系数与营养、生活环境等有很大关系。另外，同种鱼，雌鱼的最大成熟系数大于雄鱼。一般鲤科鱼类的卵巢成熟系数为15%～30%，精巢为10%～12%。

2. 性腺发育各分期的主要特征　通常将淡水鱼类的性腺发育过程划分为六期。各种鱼类的划分标准大同小异。现以四大家鱼为例，介绍性腺发育各期的主要特征。

第Ⅰ期：肉眼不能分辨雌、雄。性腺呈透明的细线状。

第Ⅱ期：肉眼能分辨雌、雄，但看不清卵粒（在显微镜下能分辨卵粒）。卵巢为扁带状，呈粉红色或青灰色，分布有不少细血管。经过成熟产卵后由第Ⅵ期退化到第Ⅱ期的卵巢，性腺较宽大些，且血管也发达些。精巢为半透明的线状或细带状，血管不显著。

第Ⅲ期：肉眼能看清卵粒，但卵不易分离拨落。卵巢增宽增厚，约占腹腔的1/2，呈青灰色或黄白色，血管密布，卵母细胞开始沉积卵黄。此期都是由第Ⅱ期发育而来，且以第Ⅲ期卵巢越冬。精巢呈筷子状粗细，淡红色或粉红色，挤压鱼腹没有精液流出。在第一次性周期内由第Ⅱ期发育而来，已达性成熟产过卵的鱼，由第Ⅵ期自然退化而来。

第Ⅳ期：卵粒内充满卵黄，大而饱满，易从卵巢隔膜上分离剥落。卵巢增大呈囊状，占腹腔的 2/3 左右，呈青灰色或淡黄色，血管十分发达。此期又可分为 3 个小期：$Ⅳ_1$期卵核位于正中，$Ⅳ_2$期核稍偏位，$Ⅳ_3$期核移向动物极一端。精巢呈乳白色，表面血管分布明显，晚期能挤出白色的精液。

第Ⅴ期：卵粒透明分离，已游离在卵巢腔中，轻压鱼腹有卵粒流出，或将鱼提起时卵从生殖孔自动流出。精巢内充满精液，轻压鱼腹有大量乳白色精液流出。

第Ⅵ期：卵巢体积大为缩小，松弛萎缩，表面血管充血呈紫色。大部分卵粒已产出，少数未产出的卵很快退化、吸收。退化延续一段时间，即退化到第Ⅱ期再发育。精巢体积显著缩小、萎缩，呈淡黄白色或淡红色的细带状。精巢中尚有少量精子，但已挤不出精液。精巢退回到第Ⅲ期，然后再发育。

(三)鱼类性成熟年龄与性周期

1. 性成熟年龄 性成熟是指孵出的鱼苗，经生长发育，性腺达到成熟，能产生成熟卵子和精子。各种鱼类必须达到一定年龄，方能性成熟，这个年龄就是鱼类初次性成熟的年龄。

鱼类初次性成熟的年龄，在不同种类鱼中差异极大。生活在热带和亚热带的罗非鱼，仅几个月就可性成熟；而生活在黑龙江流域的史氏鲟，雌体要 9～13 龄才性成熟。同种鱼因生活地区和纬度不同也有差异。一般南方性成熟较早，北方性成熟较迟，这反映不同地区、生长适温和生长条件的差异。尽管性成熟年龄有不同，但性成熟所需的总热量是基本一致的，因南方生长适温时间长，生长速度快，故性成熟早。通常雄鱼比雌鱼早 1 年成熟，因此雄鱼性成熟时的体长和体重较雌鱼小。在同一生殖季节里，也往往是雄鱼成熟比较早。

鱼类性成熟年龄与体长生长有关，生长快的鱼性成熟早。食物供应以及其他能引起鱼类生长率发生变化的环境因子，均能影响鱼类初次性成熟年龄。各地区四大家鱼性成熟年龄与体重见表 2-1。

表 2-1　不同地区四大家鱼的性成熟年龄与体重

种　类	华南地区		华中地区		华北地区	
	年　龄	体重(千克)	年　龄	体重(千克)	年　龄	体重(千克)
鲢	2～3	2 以上	3～4	4 以上	4～6	5 以上
鳙	3～4	4 以上	5～7	7 以上	6～7	8 以上
草　鱼	4～5	4 以上	5～6	6 以上	5～7	7 以上
青　鱼	5～6	10 以上	6～7	13 以上	7～8	16 以上

2. 性周期　鱼类性腺发育、成熟与产出有严格的周期性。有些鱼类个体抵达性成熟，产卵后不久即死亡，终生只产卵 1 次，被称为非重复产卵型，性腺发育呈单周期型。属于此种形式的鱼类，一部分是寿命仅 1 年的鱼类，如香鱼、银鱼等。另一部分是洄游性鱼类，如溯河产卵的大马哈鱼和降海产卵的鳗鲡。初次性成熟后能再次或多次产卵的，称重复产卵型，性腺发育呈多周期型，绝大多数鱼类均属此型。

大多数鱼类在性成熟后每年繁殖 1 次，它们在第一次产卵后，性腺按发育规律，定期随季节发生周期性变化，即以后每次产卵和前 1 次产卵的时间间隔有一定季节节律，被称为繁殖周期或性周期。

一般讲，四大家鱼的性周期为 1 年，即性腺 1 年成熟产卵 1 次。但在热带或亚热带地区，经人工精心培育的鲢、鳙、草鱼 1 年可成熟催产繁殖 2 次，其性周期相对较短。

四大家鱼在第一周龄时即从鱼苗到鱼种，性腺一般处于第Ⅰ期，第Ⅰ期性腺终生只出现 1 次。未达性成熟年龄之前，卵巢只能发育到第Ⅱ期，在此期常停留相当长时间。达到性成熟年龄后，产过卵的鱼或未获产卵条件的鱼，卵巢退化回复到第Ⅱ期，并从第Ⅱ期开始进入另一性周期的发育。

秋末冬初(每年11月份至翌年1月份),卵巢由第Ⅱ期发育到第Ⅲ期。卵巢中老一代卵母细胞已全部退化吸收,新生卵母细胞开始沉积卵黄。到翌年2～3月份,新生卵母细胞不断积累卵黄,卵巢处于Ⅲ～Ⅳ期。从4月上旬开始,卵母细胞快速生长,卵巢发育进入第Ⅳ期。卵巢从第Ⅲ期发育到第Ⅳ期末,大约需2个月时间。

到夏季(5～7月份),卵巢迅速增长,雌鱼腹部已非常膨大,此时已完成第Ⅳ期成熟阶段,若水温适合,即可进行人工催产繁殖。从第Ⅳ期末到第Ⅴ期的过渡时间很短,只需几个小时至十几个小时。到8～10月份,已产过卵的卵巢退化到第Ⅵ期,9月上旬出现新生一代的2时相初级卵母细胞,又重新开始新的发育周期。

四大家鱼精巢的周期性变化与卵巢基本类似,但各期出现和所经历的时间并不完全相同,因雄鱼的潜在性成熟期早于雌鱼。2龄雄鱼的精巢均处于第Ⅱ期,且第Ⅱ期精巢终生只出现1次。3龄时精巢已处于第Ⅲ期。雄鱼达到性成熟年龄排精后,精巢发育回复到第Ⅲ期,即不再回转到第Ⅱ期,这点与卵巢是不同的。

(四)鱼类的繁殖力

一尾雌鱼在产卵前的成熟卵粒数称为鱼类的繁殖力(或个体生殖力),通常用雌鱼的怀卵量来表示。

1. 怀卵量 鱼类的繁殖力分为绝对怀卵量和相对怀卵量。

(1)绝对怀卵量 指每尾雌鱼在一个生殖季节中卵巢所怀的成熟卵总数。计算方法一般采用重量法。解剖处于第Ⅳ期卵巢的鱼,取出卵巢吸水后称卵巢全重,从卵巢中部取1克样品,计数已沉积卵黄的卵粒数,包括开始沉积卵黄和充满卵黄的卵母细胞的数量,然后换算成整个卵巢的卵粒数。计算公式如下。

$$\text{绝对怀卵量}=\frac{\text{样品中的卵粒数}}{\text{取样量(克)}}\times\text{卵巢重(克)}$$

不同种类的鱼绝对怀卵量相差极大。少的仅几粒或几十粒，多的上亿粒。许多淡水鱼类的怀卵量为 1 万～15 万粒。四大家鱼的怀卵量一般都较大，可超过 100 万粒(表 2-2)。同种鱼的绝对怀卵量随个体大小(年龄、体长、体重)、营养条件与栖息水域环境不同而异。在饲料供应充足、生活环境良好、鱼的体重大时，其怀卵量就大；反之则小。

表 2-2　池塘养殖条件下四大家鱼的怀卵量

种　类	平均体重(千克)	平均卵巢重(千克)	平均成熟系数(%)	平均绝对怀卵量(万粒)	平均相对怀卵量(粒/克体重)
鲢	4.461	0.897	20.1	62.762	141
鳙	8.64	1.54	17.8	107.8	124
草　鱼	6.31	1.079	17.1	75.53	120
青　鱼	23	2.488	10.8	150	65

(2)相对怀卵量　指每尾雌鱼在一个生殖季节中，单位体重(克)或单位体长(厘米)所具有的卵粒数，即绝对怀卵量与雌鱼体重(一般用去除内脏的体重，克)或体长(厘米)之比。在相同条件下，每种鱼的怀卵量随体重的增长而增加，成熟系数为 20%左右的家鱼，相对怀卵量为 120～140 粒/克体重。

2. 产卵量　由于卵巢中所怀的成熟卵要在一定的生态条件下才能由第Ⅳ期末过渡到第Ⅴ期而产出体外，所以在产卵过程中往往总有部分成熟卵未能产出体外。因此，产卵量(有效繁殖力)实为绝对怀卵量减去存在体内未产出的残留卵的数量，故产卵量一般都小于怀卵量。在人工繁殖条件下，四大家鱼每千克体重的平均产卵量一般为 5 万粒左右，最高产卵量每千克体重可达 10 万粒左右(表 2-3)。

表 2-3 四大家鱼人工繁殖时的产卵量

种 类	每克体重平均产卵数(粒)	每克体重最高产卵数(粒)	统计尾数
鲢	51.8	75.4	50
鳙	58.8	77.6	29
草 鱼	47.7	103	76
青 鱼	49.3	125	27

二、环境因素对鱼类性腺发育的影响

鱼类的性腺发育受体内生理调节(中枢神经与内分泌系统)和外界环境条件的影响。生态条件的刺激通过鱼的感觉器官和神经系统影响到鱼内分泌腺(主要是脑垂体)的分泌活动,内分泌腺分泌的激素又控制着性腺发育。因此,鱼类的性腺发育是内因与外因综合作用的结果。了解性腺发育与环境的关系,其目的在于人工控制和调节环境因子来促进鱼类的性腺发育、成熟和产卵。

影响鱼类性腺发育的综合生态条件主要有营养、水温、水流、溶解氧、光照和水质等。

(一)营 养

鱼类从摄食中获得的能量,除维持耗能外,主要用于躯体生长和性腺生长。营养是鱼类性腺发育的物质基础,它对卵母细胞的生长、卵黄发生和沉积具有决定性作用。四大家鱼的卵巢当发育到第Ⅲ期后,在2～4月份这一时期内,亲鱼要从体内组织和外界吸取相当于体重11%～16%的营养物质,供性腺发育之需。当卵巢长成时,成熟系数达20%左右,这表明亲鱼在性腺发育中,母体从外界摄取了大量的营养物质,特别是蛋白质和脂肪。

饲料的种类和数量直接影响到亲鱼性腺的发育。生产实践证明，如果在家鱼产卵后，卵母细胞处于生长早期的夏秋季节，加强培育，给予质好量足的饲料，使亲鱼体内贮备充足的营养物质，并在开春后保持足够的营养，投喂含蛋白质高的饲料，绝大多数亲鱼的性腺发育良好，成熟系数大，成熟卵子的数量会增多。相反，亲鱼在饲料不足或饥饿条件下，性腺发育不好，必然导致成熟系数下降，成熟卵数量减少，甚至推迟产卵期或不能顺利产卵。若长期饲料不足，即使已达性成熟年龄的鱼，性腺也会一直滞留在第Ⅱ期，已发育到第Ⅲ期或第Ⅳ期的亲鱼，也有可能退回到第Ⅱ期而不能繁殖。

值得提出的是在强化投喂时，应防止片面单纯地给予丰富的饲料，而忽视其他生态条件，否则将亲鱼喂养得很肥，会使性腺发育受到抑制。

（二）水　温

水温直接影响鱼类新陈代谢强度，是加速或抑制性腺发育、成熟和产卵的重要因素。温度与鱼类性成熟年龄关系十分密切，生长在我国不同纬度地区的鲢，性成熟年龄虽有明显差异（表 2-4），但性成熟所需的积温是一致的，累积积温需 18 000℃～20 000℃。这也说明在适温范围内，精、卵形成的速度与水温是成正相关的。水温越高，性腺发育的周期成熟所需时间就越短。因此，调节水温便可调节性腺发育的年周期，提前或延缓鱼类性成熟和产卵时间。如在亲鱼培育期间，利用工厂余热水、温泉水或深井地热水等方式提高水温，能使亲鱼性腺提早成熟和产卵。生产上用电热厂的温排水培育草鱼亲鱼，将 5℃左右的水温每天升高 1℃，直至升到 23℃，并使此温度持续 30 天左右，结果可使草鱼提前 2 个月成熟产卵。

表 2-4　鲢的成熟年龄与水温的关系

项　目	广西地区	广东地区	江苏地区	黑龙江地区	备　注
生长期(月数)	12	11	8	5.5	生长期以平均水温在 15℃以上计算
生长期平均水温(℃)	27.2	25	24	20.2	
性成熟年龄	2	2～3	3～4	5～6	

温度对鱼类的繁殖产卵也密切相关。温度可直接控制鱼类的排卵与产卵，每种鱼在某一地区开始产卵的水温，即产卵的温度阈值是一定的。如鲤、鲫的繁殖水温在 15℃以上，四大家鱼的繁殖水温为 18℃以上。若水温达不到产卵或排精的阈值，即使性腺已发育成熟，也不能完成生殖活动。因此，产卵温度的到来是产卵行为的信号因子。正在产卵的温水性鱼类或热带鱼类若遇到水温突然下降，往往会发生停产现象，水温回升后又重新开始产卵。冷水性鱼类则相反。

(三)水流与溶解氧

水流对产半浮性卵鱼类和溯河产卵鱼类等的性腺成熟和产卵极为重要，对四大家鱼性腺发育的不同阶段其影响程度也不同。池塘养殖的家鱼卵巢可发育到第Ⅳ期，表明亲鱼卵巢处于Ⅱ～Ⅳ期时，流水刺激不是主要因素，营养和水质条件才是主要的。但栖息在自然条件下的家鱼若缺乏水流刺激，或饲养在池塘的家鱼不经催产，性腺就不能向第Ⅴ期产卵状态过渡，也不能产卵。

在江河中性腺成熟的家鱼，在生殖季节，每当暴雨后水量猛涨、水流湍急时，经数小时至数十小时，亲鱼便可产卵。在某些水库上游的水流湍急处，家鱼也能产卵。这说明在天然条件下，水流的刺激对家鱼性腺发育到第Ⅳ期(特别是第Ⅳ期末)后的进一步发育、成熟与产卵是很重要的生态条件。

生产实践证明，在人工催产条件下，亲鱼培育期间长年流水，或临产前适当给予水流刺激，对保证池水清新和溶解氧充足，加速亲鱼的新陈代谢和体内贮存的营养物质向性腺转化，对性腺发育、成熟和产卵都具有良好的促进作用。

溶解氧是影响鱼类新陈代谢强度的基本因子之一。亲鱼只有在水质清新和溶解氧充足的环境中，性腺才能得到良好的发育。特别是开春后随着性腺的迅速发育，亲鱼对溶解氧量的需求也越来越大。生产实践证明，如果亲鱼培育池溶解氧量低，即使亲鱼只发生轻度浮头，也会给性腺发育带来不利影响。因此，必须保证亲鱼培育池水有充足的溶解氧。

（四）光　照

光照是对鱼类性腺发育和成熟起直接作用的指导因子。依性腺成熟和光照时间的关系，可将鱼类分为长光照型鱼（如春夏季产卵的鱼）和短光照型鱼（如秋冬季产卵的鱼）。用控制光照的方法人为将日照时间延长或缩短，通常能使鱼类性腺提前成熟和产卵。

光照与鱼类的产卵行为也有密切关系。鱼类产卵需要有一定的光照度。许多鱼类都是在光照度发生变化，昼夜交接的黎明或傍晚产卵。

此外，盐度、水体空间、附着物以及异性的刺激等，对鱼类的性腺发育、成熟和产卵均有一定的影响。

总之，鱼类性腺发育、成熟与产卵是各种因素综合作用的结果，而不是某一种因素单独起作用。但在某一阶段，某种因素可能会起主要作用，甚至是决定性作用。

三、鱼类的生殖习性

(一)生殖季节与产卵类型

1. 生殖季节 鱼类初次性成熟后,往往在一定的季节进行繁殖,特定的繁殖季节是鱼类对环境条件长期适应的结果。在高纬度地区因一年四季变化明显,定期产卵鱼类依产卵季节不同,可分为春季产卵型和秋季产卵型两大类。生活在温带地区水域的温水性鱼类,大多数是在春季和初夏产卵,称春季产卵型。我国多数淡水经济鱼类如鲢、鳙、草鱼、青鱼、鲤、鲫等均属此型。生殖季节为4~6月份,高峰期为5月份,此时气候温和,水温较高,胚胎发育通常较快,鱼苗孵出后能获得丰富的饵料。生活在寒带和亚寒带的冷水性鱼类,有不少是在秋季和初冬产卵,称秋季产卵型。如鲑科鱼类中的大马哈鱼、香鱼等,大都在9~11月份产卵,此时水温低,胚胎发育时间较长,孵化期长的可达3.5~4个月。一般卵较大,卵黄含量较多,鱼苗孵出后经2~3个月才耗尽卵黄囊。当开始摄取外界食物时,已是饵料生物大量孳生的春季了。

同种鱼类的季节性产卵型并非固定不变。分布在不同水域的同一种鱼类,由于各地水温在相同季节里有很大差异,故产卵季节也有迟有早,一般南方较北方显著提前。如鲢要求产卵水温为18℃以上,珠江流域4月份就可达到这个温度,长江流域要5月初才能达到18℃,黑龙江流域则要推迟到6月份。还有一些鱼类,由于分布水域和繁殖生态习性不同,种内也可形成产卵季节不同的生态群。如太湖新银鱼,就有春季(3~5月份)和秋季(9~11月份)2个产卵群。

鱼类的产卵期限,即是繁殖季节持续的时间,可从数天至数月。产卵期限的长短主要与种的繁殖特性、分批或不分批产卵、产卵群体的年龄组成以及产卵时外界因子的变动有关。

在低纬度水域生活的鱼类，特别是生活在赤道和热带水域的鱼类，在终年气候暖热的条件下，多数可以长年产卵，1 年可产卵多次，如罗非鱼即属于不定期产卵鱼类。

2. 产卵类型　是指鱼类在一个生殖季节中的产卵次数。一般可分为 2 种类型：即不分批产卵型和分批产卵型。

(1)不分批产卵型　1 年 1 次成熟后，卵子同时成熟，一批产出。雌鱼往往在较短时间内产完该生殖季节所怀的全部成熟卵，即产卵期限短。在第Ⅳ期卵巢中，大部分为大小相近且长足的 4 时相卵母细胞(无 3 时相卵母细胞)。产过卵后，卵巢内 5 时相的卵已产完，剩下的是一些很小的 1 时相和 2 时相卵母细胞，一般当年不再成熟。如长江流域自然产卵的四大家鱼就属此类型。但在广东地区池塘养殖条件下，春季产过卵的草鱼、鲢等亲鱼，经强化培育，当年还可再次成熟产卵。

(2)分批产卵型　在一个生殖季节内，卵子分批成熟、分批产出(即成熟一批产一批)，可产数批卵，产卵期限较长。在第Ⅳ期卵巢中沉积卵黄的 3 时相和 4 时相卵母细胞大小不一。当卵巢中最大卵径、充满卵黄的 4 时相卵母细胞发育到 5 时相产出后，留在卵巢中次一批接近长足的 4 时相卵母细胞继续发育成熟并产出，许多春夏季产卵的温水性鱼类如鲤、鲫就属此类型。鲤、鲫可产 3～6 次卵，每次间隔 5～7 天，每尾鱼可持续产卵 1～2 个月。鱼类分批产卵是对外界环境条件的一种适应，它可提高鱼苗食物的保障程度，对维持种群的生存有利。

(二)产卵场与产卵生态条件

1. 产卵场　在水体中适合卵生鱼类产卵，在生殖季节能吸引生殖群体大批集群进行繁殖的场所，称为产卵场。鱼类对产卵地点的要求极为多样化，这与卵的性质和卵子发育要求的条件有关。

四大家鱼只能在大型江河中，具有特定生态条件的特定江段，完成发情产卵过程。这些鱼类的天然产卵场，以长江、珠江流域分布最多，黑龙江(鳙除外)、黄河、淮河、钱塘江、闽江以及海南省的某些江河也有分布。此外，在新安江、长寿湖等水库的上游江段，也有一些产卵场。

生活在江河等大水体中的鱼类，如上述的四大家鱼，对产卵条件要求较严格，故产卵场往往有一定的范围和限制，通常有稳定的地理位置。在淡水湖泊等小水体中生活的鱼类如鲤、鲫等，对产卵场要求不太严格，故产卵场的分布范围较广，且易变动。

2. 产卵条件 产卵时所需要的理化因子(水温、水流、水质、光照、盐度、底质等)、附着物、异性的存在以及饵料基础等，称为鱼类的产卵条件。特定鱼类的产卵场，一般都具有该种鱼类产卵所要求的环境条件。不同的鱼类所要求的产卵条件是不同的。

四大家鱼的产卵条件包括：第一，一般位于宽窄相间的江段，河床具深槽或深潭，沙砾、石砾底质，受水流冲击，而形成往上翻的"泡漩水"。第二，一定的涨水条件，如大雨后山洪暴发，江水骤涨，水流湍急，流速达 0.69～2.26 米/秒。不同鱼类对涨水要求也有不同，鳙要求有较大涨幅才能大规模产卵，鲢、草鱼只需涨水即可产卵，青鱼除涨水产卵外平水和微退水也可产卵。第三，产卵水温为 18℃～31℃，最适产卵水温为 22℃～28℃。因此，除水温外，一定的水深、流速、流量，特别是"泡漩水"的形成(使产出的卵易受精)，就是四大家鱼自然产卵场所必要的条件。

(三)产出卵的性质

鱼类的卵通常由卵膜、原生质和卵黄组成。根据卵的相对密度(比重)不同与有无黏性，可将产出的卵分为如下几个类型。

1. 浮性卵 卵粒较小，大多具油球，卵的相对密度小于水，产出后浮在水的表面发育，如淡水中的乌鳢等。

2. 半浮性卵 或称漂流性卵。卵的相对密度稍大于水，产出后即吸水膨胀，在卵膜和紧贴原生质的质膜之间出现较大的卵间隙。这种卵在静水中沉入水底，稍有流水即随波漂浮于水中，如鲢、鳙、草鱼、青鱼、鳜等。

3. 沉性卵 卵粒较大，卵间隙较小，卵的相对密度大于水，产出后沉在水底部各种基质上发育，如鲑、鳟、鲟等。

4. 黏性卵 卵的相对密度大于水，卵膜外还有一层胶膜（称次级卵膜），具黏性，产出后黏附在水生植物上发育，如鲤、鲫、鲂等所产的卵。

（四）鱼类的繁殖方式与亲体护幼行为

鱼类的繁殖方式多种多样，归纳起来大致可分为卵生、卵胎生和胎生 3 种类型。淡水养殖鱼类的繁殖方式为卵生，即鱼类将成熟卵直接产在水中，在体外进行受精和全部的发育过程。卵生方式又可分为以下 2 类。

1. 对后代不保护的鱼类 即卵在水中受精，发育是独立的，无亲体护卫。卵子发育条件呈多样性，依产卵场地、产卵条件和产出卵的性质可将产卵习性分为如下生态类型。

（1）敞水性产卵型 即水层产卵鱼类。亲鱼将卵产在水层中，卵呈浮性或半浮性，悬浮或漂流于水层中发育。产卵场位置较稳定，地形和水文条件常是产卵所必需的，如四大家鱼等。

（2）草上产卵型 亲鱼将卵产在沉水植物多的浅水区，产出的卵具黏性，黏附在植物（水草）的茎叶上发育，如鲤、鲫、鲂等。

（3）水底部产卵型 亲鱼将卵产在河流水底部的岩石、石砾或沙砾上发育，卵呈沉性或沉黏性。鲟类的卵具黏性，卵膜分泌胶质，黏附于石砾上发育；香鱼卵具附着膜，黏在沙砾上发育。卵无黏性的大马哈鱼，水流将卵带到石砾下发育。

（4）喜贝性产卵型 亲鱼将卵产在无脊椎动物体内发育，如淡水中的鳑鲏,雌鱼在生殖季节时具有长的产卵管,将卵产在河蚌的鳃腔内发育,直至孵出鱼苗为止。鱼苗从蚌体内的环流水中得到氧气。

2. 营巢产卵与护幼鱼类　亲体具有筑巢、护幼与哺幼的生殖行为,卵(鱼苗)在亲体护卫下发育。亲鱼在产卵前先筑巢,筑巢材料有植物茎叶、石砾、沙土以及鱼类自己吐出的气泡等,将卵产在巢内,在巢中完成受精,然后由亲体之一守护,驱赶入侵的敌害,而且有的还伴随对巢的修补、清除巢内杂物、激起水流通气等,以保持巢中的良好环境。这种行为对卵和幼鱼的发育成活和避免被敌害捕食,都具有积极的作用,如乌鳢、黄颡鱼、加州鲈、斑点叉尾鮰等。

此外,还有体外受精、体表孕卵的繁殖方式。即产出的卵附着在亲体体表、皮肤、口腔、鳃腔和孵卵囊内发育,如罗非鱼繁殖时亲鱼用嘴和鳍在浅水泥底挖坑构成巢穴,在巢内产卵排精后,雌鱼即将卵和精子吸入口中受精和孵化,直至鱼苗孵出能独立生活为止。

思考题

1. 试述鱼类性腺发育分期的方法。如何区分四大家鱼第Ⅰ期至第Ⅵ期的卵巢?

2. 试述影响鱼类性腺发育的环境因素。

3. 什么是卵巢发育过熟和卵的过熟?

4. 如何确定分批和不分批产卵鱼类?

5. 四大家鱼产卵场必要的环境条件有哪些?

第三章 四大家鱼的人工繁殖

鲢、鳙、草鱼、青鱼是我国特有的淡水经济鱼类和主要的传统养殖鱼类，故又称四大家鱼。这些鱼类在静水水体中，特别是在池塘条件下不能自然繁殖。因此，必须进行人工繁殖，以解决淡水养殖生产上苗种来源不足的问题。由于四大家鱼均为产半浮性卵的鱼类，它们的繁殖生态要求相同，故将人工繁殖技术合并在一起予以介绍。

一、亲鱼培育

亲鱼是指年龄、体重均达到性成熟，可用于人工繁殖后代的雌鱼和雄鱼。亲鱼培育就是遵循亲鱼性腺发育的基本规律，在人工饲养条件下，创造良好的生态条件，促使亲鱼性腺发育成熟的过程。亲鱼性腺发育的好坏直接影响到催产效果，只有培育出良好的亲鱼，再辅以注射催产剂才能完成产卵受精过程，即发育好的性腺是内因，注射催产剂是外因。在生产中如果忽视亲鱼培育，片面强调注射催产剂的作用，势必导致人工繁殖工作的失败。因此，培育出符合催产要求的优质亲鱼是人工繁殖最理想的物质基础，也是搞好四大家鱼人工繁殖的首要关键技术，必须自始至终切实抓好。

(一)亲鱼培育池的选择与清整

1. 培育池的选择　亲鱼培育池一般选在靠近水源、水质良好、排灌与管理方便处，以面积 2 000～3 335 平方米、水深 1.5～2 米(北方地区为 2.5 米)为宜。面积过小，水质易变坏，亲鱼活动范围小，不利于亲鱼的生长发育，且易泛塘；面积过大，水质不易控制，管理不便，且因鱼多，分多批催产，造成拉网次数过多，影响催产效果。一般要求一池亲鱼能在1～2次催产完毕。后备亲鱼池面积可增大至6 667～13 334平方米。

池底平坦的长方形池较易管理和捕捞。一般保水力强、水质肥、池底有20厘米左右腐殖质淤泥的壤土池塘，适宜主养鲢、鳙亲鱼；水质较清瘦，有微流水的沙壤土底质池塘，宜作草鱼、青鱼亲鱼的培育池。

2. 培育池的清整 亲鱼放养前必须清塘消毒，因人工培育亲鱼需长年施肥投喂，池底有大量淤泥或残饵等沉积物，如长期不清理，水温升高后，这些腐败物质会分解放出氨、硫化氢和沼气等有毒物质，严重影响亲鱼的生长发育，甚至可引起亲鱼患病或泛塘。同时，长期不清整池塘，野杂鱼多，也会影响亲鱼性腺发育。为此，亲鱼池一般应每年清整1次（新开挖的鱼池除外）。

清整工作包括挖除池塘底过多的淤泥、维修塘埂、割除杂草和清除野杂鱼等，同时进行池塘消毒。消毒药物最好选用生石灰，因生石灰遇水后产生氢氧化钙，使池水的pH值在短时间内提高到11以上，并放出大量热能，从而杀死野杂鱼和其他敌害生物与病原菌。同时，还能改善水质，增加水体的缓冲性；改良池塘土质，直接起增加钙肥的作用。清塘方法包括干池清塘和带水清塘。干池清塘每667平方米用生石灰60～75千克，在池塘中挖几个坑，放入生石灰，加水溶化后全池泼洒。带水清塘水深1米时，每667平方米用生石灰120～150千克。生产中最好用半带水清塘法，水深30厘米，每667平方米用生石灰75千克，将生石灰放在桶内用水溶化后全池均匀泼洒，这样既省生石灰，又便于操作。

（二）亲鱼的收集与运输

1. 亲鱼的来源 供人工繁殖用的亲本来源有以下两种途径：

一是从江河、湖泊、水库等大水体中捕捞达性成熟年龄的较大个体的鱼，移养于池塘中进一步强化培育；二是直接在池塘中从鱼种培育达性成熟年龄。有条件的地方，最好自养自繁，逐年贮备、逐年选留，培育优质亲鱼。

2. 雌、雄亲鱼鉴别与选留比例

(1)雌、雄亲鱼鉴别　在亲鱼培育或人工催产时，必须掌握恰当的雌、雄比例，因此首先要掌握雌、雄鉴别的方法。四大家鱼的雌、雄区分主要是根据胸鳍上的副性征(第二性征)区别，在生殖季节达性成熟的雄鱼，胸鳍上常出现珠星(或称追星)，它在雌、雄亲鱼产卵排精时起兴奋、刺激的作用。四大家鱼的雌、雄亲鱼其主要区别特征见表 3-1。另外，在同一水体的同批、同龄鱼中，个体较小者多为雄鱼。

(2)雌、雄亲鱼比例　选留亲鱼的数量依生产规模而定，一般要求雄鱼比雌鱼略多些，雌、雄鱼的适宜比例为 1∶1～1.2。

3. 亲鱼选留标准

(1)成熟亲鱼的年龄与体重　四大家鱼的性成熟年龄由于南北气候条件不同而有所差异，且雄鱼比雌鱼早一年成熟。池养成熟亲鱼的体重要求是：鲢 3～4 千克，鳙 8～10 千克，草鱼 6～8 千克，青鱼 15～20 千克。雄鱼体重可略小于雌鱼 1～2 千克。对年龄相同的亲鱼，应尽量选择个体较大、生长性能好的，因大鱼怀卵量多，产卵量也较多。

(2)体质　亲鱼应体质健壮，行动活泼，无病无伤，鳞片完整，体色鲜艳，生长正常。

(3)血缘关系　选留时要注意防止近亲繁殖，以免后代出现性状退化。应从不同水体或水系中选择血缘关系较远的雌、雄亲鱼进行交配，建立在地区间交换亲鱼的制度，并坚持定期从原种基地引进原种后备亲鱼(或鱼种)。

表 3-1　四大家鱼雌、雄特征比较

种　类	雄　鱼	雌　鱼
鲢	胸鳍前几根鳍条的中部至基部长有成排的珠星，用手顺鳍条抚摸有粗糙刺手感。珠星生成后，终生不会消失 腹部较小，成熟时轻压后腹部有乳白色精液流出	胸鳍条没有或很少有珠星，手摸胸鳍条光滑 腹部较大而柔软，成熟时卵巢轮廓明显，泄殖孔稍突出，微带红润
鳙	胸鳍鳍条上缘有钝刀口状的骨质，用手抚摸鳍条有割手感（刀状物终生存在） 腹部较小，成熟时轻压后腹部有乳白色精液流出	胸鳍条光滑，无割手感 腹部膨大柔软，泄殖孔常稍突出，有时稍带红润
草　鱼	胸鳍鳍条较大而狭长，自然张开呈尖刀状 生殖季节在胸鳍内侧头背部、鳃盖和尾柄上出现珠星，手摸有粗糙感，生殖结束后消失 腹部鳞片较尖，排列紧密。轻压鱼腹，有乳白色精液流出	胸鳍鳍条细短，自然张开略呈扇形 胸鳍条较光滑，一般无珠星或胸鳍条外缘有少量珠星，手摸光滑 腹部鳞片圆钝，排列疏松。腹部膨大柔软，有弹性感
青　鱼	胸鳍鳍条上有紧密排列向后倾斜的白色细小珠星出现，有明显刺手感 其他基本同草鱼	胸鳍光滑，完全没有珠星

4. 亲鱼的运输　收集亲鱼一般在秋末、冬初和早春进行，此时水温低，易于运输。运输适宜水温为 6℃～15℃。收集亲鱼前要准备好车、船等运输工具。在起捕的大批成鱼中挑选亲鱼时，操作要轻、快。选留好的亲鱼可采用如下方法运输。

(1)帆布桶和鱼篓运输　帆布桶为圆形或方形，容积一般为 0.6～0.7 立方米，外有钢制或木制的支架。运输时约可盛水 500 升。

鱼篓用竹篾编制，上圆下方，篓口径约 90 厘米，高约 75 厘米，底为 70 厘米×70 厘米。内挂有与竹篓大小相同的油布袋，运鱼时盛水 400 升。

帆布桶和鱼篓适于短途运输，装鱼量依水温高低和运输距离而定，一般每立方米水体（即 1 000 升水）可装鱼 80～100 千克。装好后用汽车、火车或轮船运载。

值得注意的是，用这种方法运输亲鱼，途中要勤换水，或通过送氧、击水等办法增加水中溶解氧量。有的单位还采用两头装有松紧口的圆形塑料套或剪有小孔的塑料袋套住亲鱼，每袋（套）装 1 尾，再放入盛有水的帆布桶等容器中运输，可防亲鱼在途中碰撞受伤。

(2)活水船运输　此法适用于河网地区。活水船的船舱用网布围好，以防亲鱼蹿跳撞伤。因活水船舱一般较大，水流畅通，每立方米活水舱可装运亲鱼 100～130 千克。途中要注意水质变化，如遇有污水河段时，要及时关闭舱的进出水口，采用机械或人力增氧。

(3)尼龙袋充氧运输　将鱼放入预先盛好水的双层尼龙袋中，袋要比鱼体稍长些，其容积应是鱼和水体积的 2 倍，袋内盛水量以完全淹没鱼体为宜，每袋装运亲鱼 1～2 尾（视鱼体大小而定）。压出袋内空气后充氧，充氧不要太足，尤其是空运，以免温度过高或受震荡易破裂。充氧后将袋口封扎，放入大小适宜的纸箱中，即可用各种交通运输工具运载。此法适宜于长途运输。

(4)麻醉运输　为当前普遍使用的运输方法。将亲鱼用药物麻醉，降低其呼吸频率和代谢率，同时可减少鱼体碰撞受伤。经麻醉后的鱼可用汽车、火车、飞机等进行长途运输。目前常用的麻醉剂有以下几种。

①ms-222（烷基磺酸盐间位氨基苯甲酸乙酯）：用 0.2～1 毫克/升的 ms-222 可使鱼在 24～27 分钟内麻醉，在 40 小时内有效。

放入清水后能迅速苏醒。

②巴比妥钠:按0.013克/升用量,将巴比妥钠放入运输鱼的水中,在水温10℃时,能麻醉亲鱼10小时。下塘后5～10分钟能立即苏醒,正常游动。

③乙醚:适于短途运输。用棉花球蘸满乙醚,体重10～15千克的亲鱼约用2.5毫升乙醚,塞入亲鱼口中,2～3分钟亲鱼被麻醉,1次可麻醉2～3小时。

亲鱼运输时需注意的事项包括:亲鱼在起运前一定要停食4～5天,以排净粪便,减少对水质的污染;盛鱼容器内壁要光滑、柔软,以减少亲鱼擦伤;选择最佳运输路线,尽量缩短运输时间。长途运输尤其要注意保持水质清新和增加水中溶解氧,如水质变坏,应及时换水或加新水;亲鱼下塘前用20毫克/升高锰酸钾溶液涂搽受伤鱼的伤口,将亲鱼放入水质清新的池塘。

(三)亲鱼的放养

1.养殖方式 亲鱼可以单养,也可以混养。现一般采用混养方式,即在一个池塘内以一种亲鱼为主,适当搭配2～3种其他亲鱼(或后备亲鱼),但不宜套养鱼种和成鱼。

亲鱼搭配混养时应遵循的原则是:第一,配养鱼的数量必须少于主养鱼,一般不超过池鱼总量的20%～30%;第二,主养鳙亲鱼的池塘一般不配养鲢,因鲢抢食凶猛,对鳙的生长有一定影响,但以鲢亲鱼为主的池可少量配养鳙;第三,主养青鱼的池塘,不配养草鱼;第四,野杂鱼多的亲鱼池中可配养少量的肉食性鱼类,如鳜、乌鳢等,以清除野杂鱼,避免其同亲鱼争食,消耗溶解氧,影响亲鱼生长发育。

2.放养密度 合理的放养密度是确保亲鱼培育成功的一项重要措施。确定放养量时,应根据池塘条件、肥料和饲料供应情况、亲鱼的种类以及饲养管理水平灵活掌握。其原则是既要充分利用水体和饵料，又要使亲鱼生长良好，性腺发育正常。一般每 667 平方米放养亲鱼 10～20 尾，雌、雄比最好是 1∶1.5，如果雄鱼较少，雌、雄比最少也应为 1∶1。放养重量每 667 平方米为 100～150 千克，草鱼、青鱼池可适当多放养些。养鱼管理水平高的，每 667 平方米放养量可提高到 200～250 千克。现将四大家鱼亲鱼放养搭配情况列于表 3-2，以供参考。

表 3-2　四大家鱼亲鱼放养搭配情况　（面积：667 平方米）

主养鱼	品　种	规格（千克）	尾　数	重量（千克）	备　注
鲢鱼池	鲢	5	16～18	80～90	各类池塘中，可配养团头鲂 10～20 尾和少量鲤；主养鲢、鳙、草鱼的池塘，如果螺、蚌较多，可另配养 1～2 尾青鱼
	草　鱼	10	4	40	
鳙鱼池	鳙	10	10	100	
	草　鱼	10	4	40	
草鱼池	草　鱼	10	12	120	
	鲢或鳙	5	6	30	
		10	4	40	
青鱼池	青　鱼	15	9	135	
	鲢或鳙	5	4	20	
		10	2	20	

（四）亲鱼的培育方法

1. 亲鱼分段培育要点　根据一年中亲鱼性腺的发育和生理变化，四大家鱼亲鱼的培育一般可分成 3 个阶段：即产后恢复期、秋冬培育期和春季强化培育期。现以长江中下游流域为例，将各阶段的培育要点作一介绍。

（1）产后恢复期　从 5 月底至 7 月上旬，为时 40 天左右。亲鱼产卵后因体力耗损很大，体质虚弱，常脱鳞受伤，易感染疾病，有些滞产的亲鱼还可能死亡,因此必须精心护理。对受伤的亲鱼应用20毫克/升高锰酸钾溶液涂搽伤处,并注射抗菌药物,以防伤病。将亲鱼放在水质清新、肥度适中、溶解氧充足的池塘中,给予充足的营养,投喂新鲜适口的饲料,要增加精饲料喂量,并给予微流水,促其体力迅速恢复。待亲鱼体质恢复后,抓紧进行亲鱼整理,结合清塘,进行分塘归类,调整放养比例。

(2)秋冬培育期　从7月中旬至翌年2月份,为时约7个月。此段时间为亲鱼肥育和性腺发育的关键时期,它关系到亲鱼的怀卵数量。其间又可分为两个阶段:从7月中旬至9月中旬的2个月时间里,亲鱼从恢复期转向生长期。此时水温较高,康复的鱼需大量摄食,为性腺发育和越冬打基础。因此,饲料要充足适口,并要适时加注新水,保持一定的水量和良好水质。从10月份至翌年2月份,亲鱼进入肥育保膘期。亲鱼在越冬前(10～11月份)要贮存脂肪,以备越冬消耗和卵中开始沉积卵黄之需。冬前培育要适当施肥,保持池塘肥水,补充精饲料,并注水使池塘满水,以便越冬。冬季当天气晴好、水温在5℃以上时,可适量投喂些精饲料,以维持亲鱼健壮体质,不使落膘。

(3)春季强化培育期　从2月下旬至5月上中旬临产前,约2个半月时间。亲鱼越冬后,体内贮积的脂肪已大部分转到性腺,随着水温的逐渐回升,卵巢中的卵母细胞大量沉积至充满卵黄。此时正是亲鱼需要大量摄食以满足性腺迅速发育成熟的时期,是亲鱼培育至关重要的季节,因此必须加强培育。早春产卵前要追加投喂,食物的数量和质量应高于其他季节。此阶段还要定期加注新水,进行产前流水刺激。此时若管理得好,亲鱼便能按期顺利发育成熟,为提高催产效果奠定基础;否则性腺发育会停滞,甚至退化。但有些生产单位只注重在催产前1～2个月抓一下,而忽视亲鱼的产后培育和秋后培育,形成“产前紧、产后松”的现象,结果也会导致亲鱼成熟率低和催产效果不佳。所以,在亲鱼培育过程中,应长年不懈地采取有利于亲鱼性腺发育的综合措施，方能使亲鱼性腺发育成熟。

2. 鲢和鳙的亲鱼培育　鲢、鳙以浮游生物为主要食料，可通过施肥培水繁殖浮游生物供其摄食。因此，看水施肥是培育鲢、鳙亲鱼的关键。整个培育过程就是保持和掌握水质肥度的过程。

亲鱼池在清塘后，应施足基肥，施肥量依池塘底质肥度而定，一般每667平方米施300～500千克粪肥。鲢鱼池以施人粪为主，有利于浮游植物繁殖；鳙鱼池以施牛粪为主，促进浮游动物繁殖。亲鱼放养后，依季节、池塘水质情况施追肥，一般平均每667平方米每月施有机肥750～1 000千克。追肥以勤施、少施、看水施为原则。在整个培育过程中使水的透明度保持在25厘米左右。在冬季和春季产卵前可适当补充些精饲料(豆饼、菜籽饼等)，鲢每年每尾补充15千克左右，鳙补充20千克左右。一年中各培育阶段的具体做法如下。

(1)*产后培育*　采取"大水、小肥"的培育方式。因此时亲鱼体质虚弱，对缺氧的适应力差，加之天气逐渐炎热，水温不稳定，极易发生泛池死鱼。因此要专人管理，每天注意观察天气和水色的变化情况，要多注新水，勤加新水，保持水质清新。施肥宜少量多次、分散，并适当投喂豆饼浆。

(2)*秋冬季培育*　采取"大水、大肥"的培育方式。秋季到入冬前，亲鱼体质已基本恢复，水温升高，食欲旺盛，要加强施肥，每周施500千克左右，培育较浓的水色，到冬季不易变淡。同时，要根据水质变化适时加注新水，一般每半个月注换水1次，使池水保持"肥、活、嫩、爽"。鳙主食浮游动物，水质应较鲢鱼池更肥沃。入冬后，补充少量肥料，可以堆肥为主；在天气晴暖时，可适量投喂些精饲料，一般为鱼体重的1%～2%。

(3)*春季强化培育*　宜采取"小水、大肥"的培育方式。开春后，换去一部分池水，将池水深度控制在1米左右，以利于提高池水水温，易于肥水，促进浮游生物繁殖。由于严冬后水色肥度下降，必须适当增加施肥量。春季宜使用畜粪堆肥和人粪尿（或化肥）泼洒相结合的方法，晚春以后最好泼洒，每天或2～3天泼洒1次。并适当辅投精饲料（饼浆），使鱼吃饱吃好。随着气温的回升，注意适时冲水提高水位，一般在3月中旬加水1次、下旬加水2次，进入4月份应增加加水次数，以促使亲鱼性腺发育。

（4）临产前培育　临近产卵时，鲢、鳙亲鱼的性腺已发育良好，对溶解氧要求更高，易发生缺氧泛塘。因此，在催产前15～20天，应少施或停施肥，采取“大水、小肥”到“大水、不肥”的培育方式。鲢鱼池要经常冲水，鳙鱼池注水可适当少些。冲水可增加池水溶解氧量，促进性腺进一步发育成熟。

总之，鲢、鳙亲鱼的培育，应根据产后补偿体力消耗、促其快速恢复、秋冬季积累脂肪和春季促进性腺大生长的特点，采取产后看水少施勤施肥、秋季正常施肥、冬季施足肥料、春季精饲料与肥料相结合并经常冲水的培育措施。

3. 草鱼和青鱼的亲鱼培育　合理投喂、吃饱吃好是培育草鱼和青鱼亲鱼的关键。

（1）草鱼的亲鱼培育　草鱼为草食性鱼类，以水生植物为食，喜清瘦水质。应采取以投喂青饲料为主，精饲料为辅，青、精饲料相结合，定期冲水，保持水体透明度30～35厘米的培育措施。实践证明，这是培育草鱼亲鱼行之有效的方法。青饲料种类主要有麦苗、莴苣叶、苦荬菜、黑麦草、苏丹草、苦草、菹草、各类蔬菜和其他旱草、水草等，其中以莴苣叶最富营养。青饲料中含有各种维生素和矿物质成分。精饲料种类主要有大麦、小麦、麦芽、豆饼、花生饼等。具体培育方法如下。

①产后培育：夏季草料多，可多投喂嫩青饲料，日投喂量为鱼体重的20%～40%。每天上午9～10时投喂，以6小时内吃完为度。同时，在每天下午2时左右投喂适量大麦、小麦等精饲料，日

投量每尾亲鱼约100克(干重)。

②秋冬季培育:秋季水温高,鱼的摄食量大,应以投喂青饲料为主,日投喂量占鱼体重的30%～50%,并搭配少量精饲料,一般占鱼体重的2%～3%。9月底可将麦子用水浸泡1夜后,翌日投喂。随着气温下降,草源枯竭,鱼的食欲减退,此时可全部投喂精饲料。10月底改投麦芽,12月份将麦子煮熟后,混以25%豆饼(打碎煮熟)一起投喂。精饲料投喂量每天每尾鱼为25克左右,每隔2～3天投喂1次。冬季一般不投喂,但在南方较暖地区为保膘可选晴天每周投喂2次精饲料,并少量投喂些白菜、苦荬菜等。

③春季强化培育:春季来临时,将原池水放出一半,另加注新水,使水位保持在1米左右,以改善水质,提高水温。3月份,当水温达15℃以上、鱼开始摄食时,可先投喂少量精饲料(如投喂发至3厘米左右的麦芽或发至1厘米左右的谷芽)。日投喂量平均为鱼体重的1%～2%(即每尾鱼每日50～100克)。后转为以青饲料为主,精、青饲料结合,其比例为1∶17。鱼摄食旺盛时,青饲料的日投喂量可占体重的40%～60%。

临近催产时,若亲鱼摄食量明显减少,表明亲鱼性腺发育成熟良好,此时可停止投喂,以防因饱食妨碍催产时的临床检查,同时减少在产卵池中的排泄,防止粪便流进集卵箱。

④定期冲水,保持水质清新:这是促使草鱼性腺发育成熟的重要措施之一。在整个培育过程中,冲水次数与频率依季节、水质肥瘦和鱼的摄食情况灵活掌握。在秋末与冬季水温低时,注水次数少,一般可每半个月至1个月冲水1次;春季天气转暖、水温升高时,一般每月注水2～3次;夏季水温高时,可每隔3～5天冲水1次,每次注水3～5小时,最好在下午2时开始冲水。遇气压低、湿度大的闷热天气,可酌情临时注换水,以防浮头泛塘。临催产前半个月,要增加注水次数,最好每隔1～2天冲水1次,有条件的池塘,在催产前几天最好每天都冲水或给予微流水刺激。

(2)青鱼的亲鱼培育 目前多将青鱼亲本配养在其他种亲鱼池中,数量少可不单独设培育池。青鱼为温和肉食性鱼类,喜食螺、蚌。因此,青鱼培育以投喂活螺、蚬和蚌肉为主,辅以少量豆饼或菜籽饼等精饲料,要求常年不断食,以吃饱为度。每尾青鱼(15~18千克)每年约需螺、蚬500千克,菜籽饼10千克左右。春季和秋季每2~3天投喂1次。产后和冬季可投喂精饲料,或投喂蛋白质含量为30%左右的颗粒饲料。青鱼也喜清新水,为保持水质清新和一定的水位,应当注换水。一般夏秋季每月注换水1~2次。催产前1个月要经常给予流水刺激,改良水质,促进亲鱼性腺发育。

4. 亲鱼培育池的日常管理 亲鱼培育是一项细致的工作,一切培育措施都要通过管理工作才能实现。因此,亲鱼培育要有专人负责,根据亲鱼性腺发育规律和季节变化进行合理饲养管理。日常管理要抓住以下几项主要工作。

(1)巡塘 主要是观察情况,发现问题,以便及时采取措施解决。一般每日清晨和傍晚各巡池1次,观察亲鱼培育池的水质和亲鱼的摄食情况。特别在4~9月份的高温季节,要加强巡塘,有时夜间也应巡塘,闷热天气或雷雨天更应如此,以防缺氧或泛塘,引起亲鱼死亡。

(2)施肥 鲢、鳙亲鱼池在放养前应结合清塘施足基肥,放养后为保持肥水要经常追肥,要求做到冬夏少施、暑热稳施、春秋重施。施肥时要注意天气、水色和鱼的活动情况。当天气晴朗、气压高而稳定、水的透明度大、鱼的活动正常时,可适量多施;天气闷热、气压低或阴雨天时,应少施或停施。水呈铜色或深绿色、水色日变化不明显、透明度小于25厘米以下时,表明水质已老,俗称“老水”,此时必须及时更换部分池水,并适量施有机肥。通常采用堆肥或泼洒方式施肥,但以泼洒为好。另外,每隔半个月可泼洒生石灰1次,每667平方米用10~15千克,可增加钙肥和调节pH值。

(3)投喂 投喂要做到“四定”,即定质、定量、定时、定位。除投喂含丰富蛋白质的饲料外，还应适当投喂富含维生素 E 的饲料，以增加亲鱼的怀卵量。但不要经常投喂含脂肪过多的精饲料，以免亲鱼长得过肥而抑制性腺发育。饲料要清洁、新鲜，不能投喂腐败变质的饲料。投喂量视不同季节亲鱼的摄食情况而定，遇天气不正常、水质恶化、亲鱼患病或草鱼性腺临近成熟时，其摄食量都会显著减少。投喂量要均匀。青饲料的投喂量以当天略有剩余为准，精饲料投喂量以在 2～3 小时内吃完为度。青饲料每日投喂 1 次，一般投放在用毛竹围成的三角形草料架内。精饲料可每日投喂 1 次或上、下午各投喂 1 次，投放在饲料台或鱼池的斜坡上。青饲料的投放与精饲料的投放不要在同一地点，应相隔一定距离。对鲢、鳙亲鱼，可将精饲料（豆饼等）磨成粉，直接均匀地撒在水面上。要经常打扫食台，对吃剩的饲料要及时捞出，以防水质恶化。

(4)调节水质　适时注换池水，保持水质清新与一定的水量，为亲鱼创造良好的生活环境，有助于亲鱼性腺发育成熟。在亲鱼培育过程中，特别是在培育晚期，经常给亲鱼池注水，或给予微流水刺激，有利于促进鱼体内的营养物质转化到性腺中去，加速性腺的发育与成熟。平时如遇水色太深、水质老化、水位下降、亲鱼严重浮头时，都要及时加注新水，或更换部分池水，以改良水质。

(5)防治鱼病　亲鱼的防病工作十分重要，否则会影响当年的人工繁殖工作。在整个培育期间，要坚持以防为主、防治结合的方针，做到无病先防、有病早治。特别是在鱼病容易流行的高温季节（5～9 月份），更要重视和加强防病与治病工作。防病措施包括：彻底清塘消毒；不投喂霉变、腐败的饲料；保持池塘卫生，经常清除池边杂草，打扫食场，捞除残饵与污物；在操作中尽量避免亲鱼受伤；认真做好饲养管理工作；在发病季节施用药物防治，每半个月左右，按每 50 千克鱼用大蒜 250 克，去皮捣碎后拌于饲料中投喂 3 天。草鱼、青鱼池每 10～15 天用漂白粉 250 克左右，加水溶解后向食场周围泼洒。

鲢、鳙的常见病包括细菌性腐皮病(俗称“打印病”)、水霉病和锚头鳋病等。草鱼、青鱼的常见病包括赤皮病、细菌性烂鳃病、细菌性肠炎病和水霉病、中华鳋病等。治疗方法可参阅有关鱼病防治书籍。

(6)做好亲鱼培育日志　注意记录亲鱼的放养种类与数量,主养鱼与配养鱼的搭配,亲鱼的雌、雄比例,施肥与投喂饲料的种类与数量,病害防治,亲鱼的成熟情况以及所采取的措施等。

二、人工催产

(一)人工催产的基本原理

催产又称催情,是指对性腺成熟的亲鱼注射催产剂,促其发情产卵的过程。这是四大家鱼人工繁殖的第二个重要生产环节。

四大家鱼的繁殖受外界生态条件制约,且对外界生态条件的要求十分严格。生殖季节来临时,性成熟的家鱼成群上溯到宽窄相间、水流湍急、底为沙砾或石砾的江河段,在水位突然猛涨、流速加快并形成泡漩水时开始产卵。这些综合生态条件的刺激,通过亲鱼的外部感觉器官(如视觉、触觉、侧线等),使这些感觉器官的神经产生冲动,经传入神经将冲动传入到鱼的中枢神经系统,刺激下丘脑分泌促性腺激素释放激素(GnRH),进而触发亲鱼的脑垂体,使脑垂体分泌大量促性腺激素(GtH),经血液循环到达性腺,促使亲鱼性腺迅速发育成熟,进而开始排卵。与此同时,性腺本身分泌性激素,促使亲鱼发情,最后完成产卵或排精。

在池塘养殖条件下,培育成熟的家鱼亲鱼,只有雄鱼能产生成熟的精子,雌鱼卵巢只能发育到第Ⅳ期,不能转化到第Ⅴ期在池塘里进行产卵。其原因在于池塘中缺乏像江河那样的综合产卵生态条件的刺激,从而影响下丘脑促性腺激素释放激素的合成和释放,使脑垂体分泌的促性腺激素量达不到四大家鱼产卵的阈值，即内源激素量低，故性腺发育成熟的家鱼，不能在池塘内自然产卵。

人工催产就是根据四大家鱼自然繁殖的生物学原理，采用人工的方法，即生理、生态相结合的方法，将外源激素[鱼类脑垂体(PG)、绒毛膜促性腺激素(HCG)或促黄体素释放激素类似物(LRH-A)等]注入亲鱼体内，来代替(或补充)鱼体自身下丘脑和脑垂体分泌的激素(注射鱼类脑垂体或绒毛膜促性腺激素可代替鱼体自身分泌促性腺激素的作用，注射促黄体素释放激素类似物可代替下丘脑释放的促性腺激素释放激素)，作用于性腺，促使亲鱼的性腺进一步成熟，并诱发亲鱼发情产卵或排精(图 3-1)。但对鱼类注射催产剂只是替代四大家鱼繁殖时所需要的部分外界生态条件，而对影响鱼类新陈代谢强度所必需的生态因子(如水温、溶解氧等)仍需保留，才能使亲鱼性腺发育成熟和产卵。

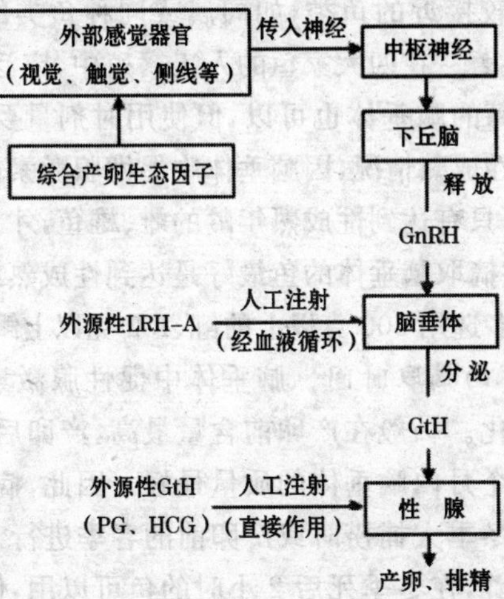

图 3-1　自然产卵与人工催产的作用途径

(二)催产剂的种类与功能

目前,鱼类人工繁殖常用的催产剂主要有鱼类脑垂体、绒毛膜促性腺激素、促黄体素释放激素类似物等3种。此外,还有一些提高催产剂效果的辅助剂,如多巴胺排除剂(RES)、多巴胺拮抗物(DOM)等。

1. 鱼类脑垂体 脑垂体内含有多种激素,对鱼类催产最有效的是促性腺激素。该激素包含有促卵泡素(FSH)和促黄体素(LH),能直接作用于性腺,促使性腺发育成熟、排卵、产卵或排精。但人工催产中如反复使用脑垂体注射,易产生耐药性,对温度变化的敏感性降低。

(1)用于摘取脑垂体的鱼类 由于脑垂体中的促性腺激素具有种的特异性,因此在摘取脑垂体时必须考虑到鱼的种类。一般采用在分类学上较接近的鱼类,如同属或同种鱼类的脑垂体做催产剂,其效果较显著。在四大家鱼的人工繁殖中,广泛采用的是鲤、鲫的脑垂体;鲢、鳙的脑垂体也可以,但使用时剂量要大些。此外,还应考虑到鱼的性成熟情况,因脑垂体中促性腺激素的含量与鱼的性成熟与否有关,只有达到性成熟年龄的雌、雄鱼,才含有较多的促性腺激素,因此供摘取脑垂体的鱼最好是达到性成熟或已接近性成熟年龄。生产上多选用500克以上的鲤、150克以上鲫摘取脑垂体。

(2)脑垂体的摘取时间 脑垂体中促性腺激素的含量随性腺发育有季节变化。一般在产卵前含量最高,产卵后含量最低,即在鱼类繁殖前2个月内脑垂体的质量最好。因此,摘取鲤、鲫脑垂体的时间通常在冬季大捕捞时或产卵前的春季进行。供摘取脑垂体的鱼一定要新鲜,在冬季死后2小时的鱼可以用,但死后过久或已腐败变质的鱼不能用。

(3)脑垂体的摘取方法 脑垂体位于间脑腹面、与下丘脑相连的碟骨鞍里。取脑垂体时可用刀将两眼上缘至鳃盖骨后缘的颅顶骨切开一块，除去脑腔内的脂肪，露出鱼脑。用镊子将鱼脑的一端翻起，在头骨的凹窝内可见一个近圆形的乳白色小点，即为脑垂体(图 3-2)。然后小心地用镊子尖端挑破脑垂体外周的薄膜，并从脑垂体两旁向下稍压，将突出于薄膜外的脑垂体轻轻托出。注意摘取时要尽量保持脑垂体完整，不破损。避免将破碎的脑组织误认为是脑垂体。

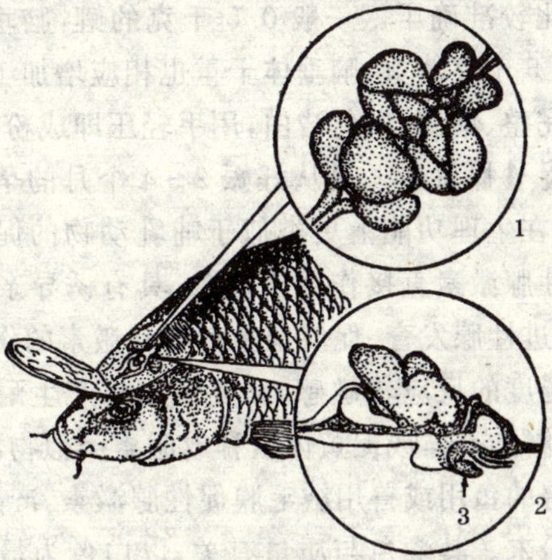

图 3-2　鱼类脑垂体的部位示意

1. 鱼脑　2. 脑纵切面　3. 脑垂体

(4)脑垂体的保存方法　从鱼体上采下的脑垂体，先放在手背上，用镊子小心清除表面黏附的血污和其他组织，然后将其浸泡在盛有相当于 20～30 倍脑垂体体积的丙酮(或无水乙醇)小玻璃瓶中，进行脱脂和脱水处理。经 6～8 小时浸泡后，更换一次同样体积的新丙酮(或无水乙醇)，再浸泡 12～24 小时。取出脑垂体，放在干净的白纸上吸水彻底晾干(经 20～30 分钟)，切忌日光晒干或火烤。最后将干燥的脑垂体按大小和质量分类、过数，装入干燥洁净的小瓶中，并贴上标签，注明采取脑垂体的鱼种、日期和数量等，然后置于干燥处保存，或存放于低温、干燥、阴凉处，其保存有效期可达 2～3 年。也可用蜡将小瓶塞周围密封后保存，或将经 2 次丙酮处理后的脑垂体放在新丙酮液中浸泡，密封瓶口保存，待翌年用时再晾干。

(5)脑垂体计量单位　用毫克或个数表示。用个数表示时，因脑垂体大小不一，为做到使用量尽量准确，可选出若干大小较一致的脑垂体，用天平称出总重量，求出每个脑垂体重的平均值，以后用个数计算就比较准确了。一般 0.5 千克的鲤，脑垂体干重约 1 毫克，每增加 0.5 千克体重，脑垂体干重也相应增加 1 毫克。质量上乘的脑垂体完整、饱满、颜色洁白，用手轻压即成粉末。

2. 绒毛膜促性腺激素　是从妊娠 2～4 个月的孕妇尿液中提取的一种激素，在生理功能上更类似于哺乳动物的促黄体素的活性。绒毛膜促性腺激素直接作用于性腺，具有诱导亲鱼排卵的作用，同时也有促进性腺发育、促使亲鱼产生性激素的作用。绒毛膜促性腺激素对温度的反应较敏感，反复使用易产生耐药性。目前生产上多与鲤、鲫脑垂体或促黄体素释放激素类似物混合使用。

市场上出售的鱼用或兽用绒毛膜促性腺激素，产品为白色、灰白色或淡黄色粉末。其颜色与质量有关，以白色为最好。一般封装在安瓿瓶中。易溶于水，遇热或受潮后易变质失效，因此要放在低温、阴凉、干燥避光处妥善保存，临近催产时取出现配现用。以当年用完为好，因隔年产品会影响催产效果。计量单位一般用单位(IU)或毫克表示，1 毫克约等于 400 单位。

3. 促黄体素释放激素类似物　哺乳动物的下丘脑能分泌一种促黄体素释放激素(LRH)，该激素能人工合成，但用于鱼类催产效果差。为此，我国研制了一种人工合成的九肽类激素，即促黄体素释放激素类似物(LRH-A)，其生物活性提高了数十倍，催产效果明显提高。

促黄体素释放激素类似物作用于脑垂体，但不直接作用于性腺，具有刺激脑垂体合成和释放促性腺激素的功能。由分泌的促性腺激素作用于性腺，促使卵细胞发育成熟和诱导排卵。实践表明，低剂量的促黄体素释放激素类似物能促使性腺进一步发育成熟，对性腺发育较差的鲢、鳙、青鱼，采用极低剂量打预备针，还有良好的催熟作用。促黄体素释放激素类似物是一种高效催产剂，因其分子量小，反复使用也不会产生耐药性，且对温度变化的敏感性较低。市售促黄体素释放激素类似物为白色粉末，分装于安瓿瓶中，易溶于水，阳光直射或遇热易失活，应置于阴凉、干燥处或低温条件下保存。计量单位用微克表示。

近年来，我国研制的促黄体素释放激素 A_2（LRH-A_2）和促黄体素释放激素 A_3（LRH-A_3）对促进促卵泡素和促黄体素释放的活性要比促黄体素释放激素类似物高出 10～20 倍。促黄体素释放激素 A_2 的催产效果显著，使用剂量只有促黄体素释放激素类似物的 1/10；促黄体素释放激素 A_3 对促进亲鱼性腺成熟的作用比促黄体素释放激素类似物要大得多。

4. 高效催产合剂　它是由多巴胺排除剂或多巴胺拮抗物与促黄体素释放激素类似物组成的。目前生产中应用较多的有 2 种：即高效催产合剂 1 号和高效催产合剂 2 号。

鱼类下丘脑在分泌促性腺激素释放激素的同时，也产生多巴胺类物质，这类物质是一种促性腺激素释放抑制因子（GRIF），它能直接或间接抑制脑垂体释放促性腺激素。注射多巴胺抑制剂（多巴胺排除剂和多巴胺拮抗物）能消除多巴胺的抑制作用，显著增强促黄体素释放激素类似物刺激脑垂体分泌促性腺激素，具有促进性腺发育成熟和诱导排卵的作用，故能提高催产效果。

5. 常用催产激素催产效果比较

（1）鱼类脑垂体　鲤脑垂体对鲢、鳙、草鱼、青鱼等主要养殖鱼类的催产效果最好，还具有显著的催熟作用，其药效较稳定，特别是在催产早期，水温较低或亲鱼成熟较差时，效果显著；在催产晚期，水温较高时，催产效果也优于其他催产剂。但鲢、鳙脑垂体，只对鲢、鳙的催产效果好，催产草鱼常产生异性蛋白反应而导致亲鱼死亡。鱼类脑垂体来源不广泛，难以满足大规模生产的需要。

(2)绒毛膜促性腺激素　对鲢、鳙的催产效果好，尤其对鲢特别敏感。催产草鱼时，单用效果不佳。催熟作用不及鱼类脑垂体和促黄体素释放激素类似物，但来源广泛。

(3)促黄体素释放激素类似物　对四大家鱼等多种养殖鱼类的催熟和催产效果都很好。草鱼对其尤为敏感，催产效果最佳。对经产鲢、鳙的效果不及鱼类脑垂体和绒毛膜促性腺激素。能人工合成，来源广泛，价格便宜，副作用小，不易造成难产现象，可使亲鱼的死亡率大为降低，且易保存，水溶液在常温下保存数日药效不会下降，故一次用剩的药液可放在低温下保存，留待下次再用。

上述几种激素若混合使用，以一种为主，另一种为辅，或两种各半，可取长补短，使催产效果更稳定，且效应时间短，不易发生半产和难产，能有效提高催产率。

(三)催产前的准备工作

四大家鱼人工繁殖的季节性很强，时间短且集中，故在催产前必须充分做好各项准备工作。

1. 产卵池　又称催产池，是为注射催产剂后的亲鱼提供良好适宜的环境条件，便于亲鱼发情产卵和鱼卵收集的池。整个产卵池的设备包括进出水管、集卵网箱等。

(1)产卵池的选择与建造　产卵池应设在有良好水源、排灌方便的地方，应靠近亲鱼培育池(可缩短亲鱼运输距离)，一般与孵化场所连在一起，周围环境应较安静。

产卵池形状可为圆形或椭圆形。目前大多数养殖场采用圆形产卵池(图 3-3)，集卵快，效果好。产卵池的大小视生产规模和有利于亲鱼的正常活动而定。其面积一般以 50～80 平方米为宜，直径 8～12 米，池深 1.5～1.7 米，可放亲鱼 5～10 组。通常用三合

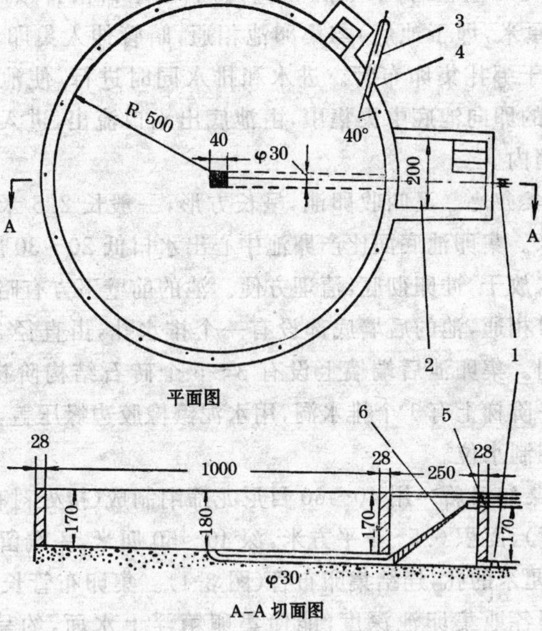

图 3-3　圆形产池　(单位:厘米)

1. 阀门　2. 集卵池　3. 进水管　4. 进水口(离池底 130 厘米)　5. 控制水位出水口　6. 集卵网和尾箱

土结构或单砖水泥砌成。墙的厚度为 24～28 厘米,外围填土。池底呈锅底形,由池底四周边缘向中心倾斜,一般池中心较周围深 15～25 厘米。池底混凝土厚 10～15 厘米。总的要求是结构坚固,池壁光滑,池底平坦,便于集卵。这种池较接近四大家鱼的自然产卵条件,池水形成环流,鱼卵易集中,无回流与死角,冲卵迅速且干净。

(2)进出水管　进水口为 1 个直径 10～15 厘米的进水管,与池壁切线成 40°角左右,距池的上缘 40～50 厘米,沿池壁注水,使池水流转。池中心设一个方形出水口(也是出卵口),边长为40厘米左右,孔口上盖有拦鱼栅(铁丝网)。出水口由排水暗管(直径25～30厘米,埋于池底)与集卵池相通,暗管伸入集卵池10～15厘米,便于绑扎集卵布管。进水和排水同时进行,使池水形成涡流,漂浮的卵向池底中央集中,由池底出水口流出,进入集卵池的集卵网箱内。

(3)集卵池　又叫收卵池,呈长方形,一般长2.5米、宽2米、深1.8米。集卵池底面比产卵池中心出水口低20～30厘米,能使产卵池水放干,冲卵彻底,清理方便。池的前壁下方有暗管与产卵池出水口相通,池的后墙底部设有一个排水孔,由直径25厘米的阀门控制。集卵池后端墙上设有3～5个砖石结构阶梯,便于操作。每一阶梯上有1个排水洞,用水泥镶橡胶边缘压盖,以卧管式排水和控制水位。

(4)集卵网箱　用40～60目尼龙筛绢制成(接处衬有细布,增加牢固度),面积0.5～1平方米,深40～50厘米,一端留有一个直径约10厘米的孔,连结集卵布管(图3-4)。集卵布管长2.5米左右。根据各地集卵池深度,能使集卵箱浮上水面,约呈145°角。布管前半部要粗些,以便泄出水流时减轻对鱼卵的冲击,避免造成破卵或损伤。使用时,将集卵布管安装在与产卵池相通的出卵管管口上,鱼卵随水流经集卵布管流入集卵箱。

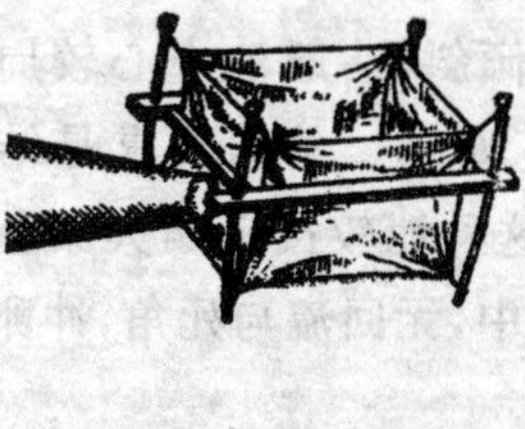

图3-4　集卵网箱

2. 催产工具

(1)亲鱼网　在培育池捕捞亲鱼用。它与成鱼捕捞网不同,须用较粗而柔软的尼龙网织成,不能用聚乙烯网或其他胶丝网。网目2～3厘米(可减少亲鱼在网内游动时撕开鱼鳍等损伤);网衣长随池塘宽度而定,一般为鱼池宽的 1.5 倍；网高为鱼池深度的 3 倍，为 6～7 米。网的上纲有浮子，下纲有沉子。为防亲鱼跳出，上纲有盖网，高 0.8～1 米。

(2)小拉网　专供在产卵池检查起捕亲鱼用。网线、网目与亲鱼网相同。网衣长为产卵池直径的 1.5 倍，网高为产卵池深度的 2 倍左右。

(3)亲鱼夹和采卵夹　亲鱼夹供短途提送亲鱼和亲鱼注射时使用，采卵夹供进行人工授精时挤卵用。两者的不同之处在于采卵夹的后部正中挖有一个洞（图 3-5），使亲鱼生殖孔外露，便于精、卵从洞中流出。亲鱼夹可用棉布、细帆布或尼龙布制成，大小视亲鱼体长而定，一般长 0.8～1 米、深 40～50 厘米，前端有一堵头封口，1/2 处留分叉，两边的上缘套有竹竿，便于提携。鱼夹的数量根据各渔场人工繁殖规模而定，一般应多制作一些备用。

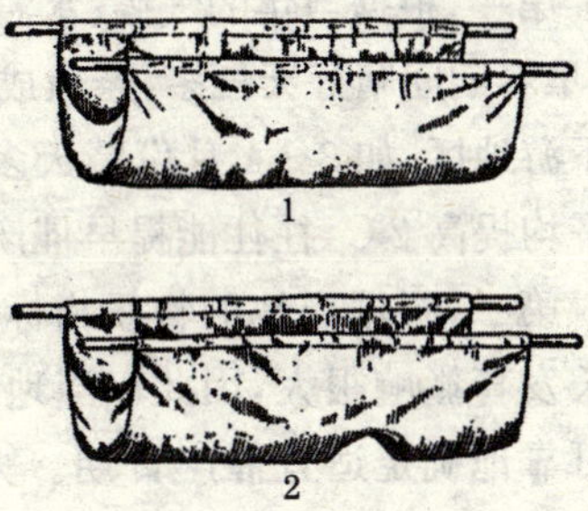

图 3-5　亲鱼夹和采卵夹

1. 亲鱼夹　2. 采卵夹

(4)其他用具　注射器（5 毫升、10 毫升）、注射针头（6 $\frac{1}{2}$ 号、7 号、8 号）、粗镊子、剪刀、消毒锅、研钵、量筒（10 毫升、50 毫升）、量杯（100 毫升）、大秤、粗天平（称量 5 克或 10 克）或中药小秤、温度计、汤匙、白搪瓷盆、脸盆、解剖盘、毛巾、鸭或鹅的羽毛、鱼卵小捞子、记录表等。

(四)催产季节

1. 最适催产季节的确定　催产季节是指催情产卵工作可延续的时间。从亲鱼性腺成熟后到开始退化之前为催产期，其间亲鱼性腺充分成熟的时期为最适催产期。四大家鱼雌鱼卵巢发育成熟到有效催产的时间很短，就个体而言约半个月，就群体来说为30～40天。不到这一时期，雌鱼卵巢对催产剂的敏感性不高，催产效果不好；而过了这一时期，雌鱼卵巢会逐渐退化、吸收，催产效果也不好。只有雌鱼等待催产的这段时间，催产效果才佳。因此，当亲鱼性腺成熟后，必须集中力量，抓紧时机催产。

2. 最适催产季节的判断 催产期多与亲鱼性腺发育、气候、水温有关。在生产上常采用下列方法判断确定。

第一，根据当年的气候、水温回升情况。若当年气温、水温回升快，早春期间晴好天气多，亲鱼成熟较早，催产期可提早些。在长江中下游地区，如3～4月份晴天多，积温高，尤其在4月份气温比往年平均提高2℃，往往能提早催产4～5天。反之，则应推迟。

第二，根据当地的物候指标。当年当地的积温高低，对植物的生长发育影响很大，因此以当地农作物生长情况作为物候指标，能较可靠地确定适宜催产日期。大麦黄时或青蚕豆大量上市时，一般正是四大家鱼人工繁殖的最佳时期。

第三，根据亲鱼性腺的成熟度。亲鱼培育工作搞得好，性腺发育成熟会早些，催产期也可早些；反之，成熟较晚的要推迟些。一般首次性成熟的初产鱼成熟时间较晚，经产鱼较早，可通过在当年计划催产前一个月至一个半月，对典型亲鱼培育池拉网检查亲鱼性腺发育成熟度，以此来推断其他培育池中亲鱼的性腺发育成熟度，从而确定催产季节。

第四，根据亲鱼摄食与活动情况。临催产前亲鱼食欲减退（特别是草鱼不吃或少吃草），躁动不安，清晨和傍晚鱼在池内大动作窜游与突然回旋，这是成熟临产前的表现。

我国南北各地气候相差较大，其催产季节有所不同。一般长江中下游地区，四大家鱼的适宜催产季节为5月上旬至6月中旬；华南地区约提早1个月；华北地区推迟20多天，为5月底至6月底;东北地区更晚些,为 6 月上旬至 7 月上旬。

决定催产期的主要因素是水温,四大家鱼催产的水温范围一般为 18℃～30℃,最适水温为 22℃～28℃,在适宜水温下催产,催产率和出苗率均高。在催产季节,检查亲鱼,若雌鱼腹部膨大,性腺已成熟,即卵巢已处于第Ⅳ期的中、末期。早晨最低水温稳定在 18℃以上,在几天之内天气晴好,就可以进行人工催产。

3. 四大家鱼的催产顺序 由于四大家鱼性腺成熟时间与最适催产期的长短不同,一般是鲢、草鱼成熟较早,鳙、青鱼成熟较晚,草鱼的最适催产期又短于鲢。故在生产实践中,四大家鱼的催产顺序一般是草鱼和鲢在先,其次为鳙,最后为青鱼。其实对催产顺序并没有严格规定,也并非固定不变,各生产单位可根据鱼的种类特点和各种亲鱼的发育成熟情况灵活掌握。

(五)催产亲鱼的选择与配组

1. 催产亲鱼的捕捞和运送 保护亲鱼完好无损是促使亲鱼顺利产卵受精的重要一环。因此,在催产亲鱼捕捞和运送时,应注意做好以下工作。

(1)统一安排,明确分工 催产前工作人员应做好不畏艰苦、连续作战的思想准备,明确任务分工。在人力安排上,如拉网、选鱼、运鱼、配药、打针、产卵池检查亲鱼、记录以及催产、孵化等设备与物质的准备,均必须在捕鱼之前做好,以保证亲鱼起捕后有条不紊地迅速完成催产工作,不出差错和事故。

(2)选好捕捞网基,细心操作 下网捕鱼前,应先选好下网和起网的地点,并清除附近的污泥、杂物等。起网地点宜选在没有粪肥、淤泥堆积的塘角,以便拉网操作。

捕捞时,最好使用尼龙网,网目 2 厘米左右,避免损伤亲鱼鳍和鱼体。捕鲢、草鱼的鱼网上纲最好加盖网(宽 1.5 米左右),或用长竹竿将上纲悬空撑起,以防鱼跳出网外。拉网速度要适中,动作要协调。待将亲鱼围集后，一般由 2～3 人负责捉鱼和选鱼，下水人员不宜过多。捉鱼时，一手轻托鱼体，另一手托住头部，顺势将鱼送入鱼夹内，然后进行选鱼，鉴别雌、雄和亲鱼成熟度，最后将选用的亲鱼运送到产卵池。整个操作过程要配合协调好，做到快而不乱。

(3)运鱼要迅速、轻快　供催产用的亲鱼，放入比鱼体略大一些的亲鱼夹中。在提送亲鱼时，布夹后端要稍提高，以防亲鱼从夹子后端滑落摔伤。运送亲鱼要轻快，防止亲鱼剧烈摆动脱鳞或窒息死亡。特别在高温下运送，速度一定要快。如亲鱼池距产卵池较远，应将亲鱼投入带水的鱼篓内置于汽车上运送。

一个亲鱼池内的亲鱼，最好拉网 1～2 次就能全部催产完毕。避免因拉网次数过多导致亲鱼性腺退化和亲鱼受伤，影响催产效果。

2. 催产亲鱼的选择与成熟度鉴别　亲鱼的成熟度是指亲鱼性腺发育成熟的程度。经人工培育的亲鱼并非都能用于人工繁殖生产，选择性腺充分成熟的亲鱼，是进行催产获得成功的关键之一。因此，必须做好以下几项工作。

(1)成熟雌亲鱼的选择　处于第Ⅳ期初期的卵巢人工催产无效，只有选用卵巢发育到第Ⅳ期中期，最好是第Ⅳ期末期，即核偏位或极化时的亲鱼催产才有效。通常所说的适当成熟，就是说明亲鱼卵巢已进入第Ⅳ期中、末期。雌亲鱼成熟度鉴别，主要是通过外形观察法来判断，必要时辅以挖卵观察法。在生产上归纳为一摸、二看、三挖卵。

①外形观察法：是以亲鱼的外部特征判断成熟度。将雌亲鱼放在亲鱼夹里，仰翻其腹部，依腹部大小、弹性、松软程度以及卵巢轮廓、生殖孔、腹部的鳞片等情况来判断。性腺发育良好的亲鱼腹部膨大，体侧卵巢轮廓从前腹到后腹均明显，用手轻压则柔软富有弹性，且生殖孔红润。

鲢、鳙应选择腹部较膨大，两侧卵巢轮廓明显，抬高尾部隐约可见卵巢轮廓向前移动;生殖孔附近饱满,柔软而略有弹性;生殖孔松弛略突出,呈微红色的亲鱼。

草鱼应选择腹部松软,两侧卵巢下坠,腹部中间下凹,将鱼体前后倾斜时卵巢轮廓似有移动感,生殖孔松弛呈微红色的亲鱼。需注意的是,在选择草鱼前应停食 2～3 天,使粪便排空,以免饱食后造成腹部膨大的假象。

青鱼情况稍有特别,因青鱼个体大,体壁肌肉较厚,外形观察较困难。即使性腺发育良好的雌亲鱼,其腹部外观也不如草鱼、鲢或鳙典型。因此,只要腹部略为膨大而柔软、生殖孔松弛呈微红色的即可选用。要准确判断最好采用挖卵检查。

在选择亲鱼时除掌握上述判断标准外,还应注意如下事项。

第一,在催产初期,应先选性腺成熟最好的亲鱼催产。若亲鱼腹部虽膨大,稍露卵巢轮廓,但手摸不够松软,缺乏弹性,或仅前腹膨大,后腹扁平、狭小、较硬,或生殖孔紧闭的,表明不够成熟,暂不宜选用,可放回原培育池继续培育一段时间后再行催产。

第二,在催产中期(即产卵盛期),水温适宜,大部分亲鱼都已成熟,可适当放宽选择条件,只要亲鱼腹部稍膨大、松软,即可选用。因部分亲鱼尤其是初产亲鱼的怀卵量小,腹部并不膨大,但生殖孔上方两侧很松软,这也是亲鱼成熟的表现。

第三,在催产后期,性腺过熟或已开始退化的亲鱼不能选用。如腹部过于膨大、松软,弹性很差,生殖孔充血红肿,往往是性腺过熟或开始退化的亲鱼,一般催产效果甚差,不宜选用。应将亲鱼放回培育池,留待翌年再催产繁殖。

第四,生殖孔发炎红肿甚至溃烂的亲鱼不能选用。此情况在雌鲢中常见,即使性腺成熟好,也易造成难产。处理方法是一般体重 10 千克以上的可注射 10 万单位的青霉素,体重 10 千克以下的剂量减半。注射后将亲鱼放回原培育池或水质清新、有微流水的池中暂养 5～7 天后再行催产,一般效果较好。

②挖卵观察法：在选择亲鱼时，利用挖卵器直接从卵巢里挖出几粒鱼卵，用肉眼观察其发育情况。此法大多用于催产早期和晚期，对单靠外部特征难以判断其成熟度的亲鱼、腹部较厚的青鱼，以及趋向退化的亲鱼做出正确判断。因该法直观，故比外形观察法更准确可靠。挖卵器可用不锈钢、竹、塑料或羽毛等制作。柄长18～20厘米，柄部直径为0.3～0.4厘米，挖卵器头部圆滑，开有长2厘米、宽0.3厘米、深0.25厘米的盛卵槽，槽的两边和前端锉成刀刃状（图3-6），便于切割卵巢。

图3-6 挖卵器

挖卵时，将挖卵器前端准确、缓慢地插入生殖孔内，偏向左或右使其伸入卵巢4～5厘米，将挖卵器旋转几下后，轻轻抽出，槽内便盛有少量卵粒。然后直接用肉眼观察，或用透明液处理后观察。

直接观察：将挖出的卵放在玻璃片上或培养皿中，观察卵的大小、颜色以及核的位置。若卵粒分散，大小均匀，饱满有光泽，全部或大部分卵核（卵中的灰黑色小圆点）已偏，表明卵子成熟较好。不同成熟度的卵子外观以及核的位置见表3-3。

表3-3 不同成熟度的卵子外观以及核的位置比较

观察项目	第Ⅳ期初期	第Ⅳ期末期	退化卵
形 状	卵粒不饱满，粘连在一起	饱满、分散、光泽强	扁塌、卵膜皱、无光泽
卵粒组成	卵大小不齐，小粒卵较多，大粒卵较少	卵大小整齐，大粒卵占绝大部分	大卵占比例大，但不规则，不整齐
大卵直径	卵径较小，直径≤1毫米	卵径＞1.1毫米	直径大，在1.1毫米以上
颜 色	青灰色或白色	黄绿色或青灰色	深黄色
卵核位置	核全部居中	全部或大部分核偏位	无卵核，卵黄呈糊状

药物处理后观察：挖出的卵经药物处理后主要用于观察卵核的偏位情况，可提高鉴别卵巢成熟度的准确性。透明液有3种配方：第一种是85％酒精；第二种是快速透明液，即用95％酒精85份、4％甲醛溶液10份、冰醋酸5份混合；第三种是松节醇透明液，即用松节醇75份、75％酒精50份、冰醋酸25份混合。在生产中可任选其中1种。

将挖出的卵放在凹玻片上，用滴管加入几滴透明液，经2～3分钟后白色的卵核便清晰可见。因透明液能使卵的细胞质和卵黄先呈半透明状，不透明的核则很容易被区别。然后根据卵核偏位的程度，进行成熟度判断。如若多数卵核偏向于卵膜边缘(称为极化)，表明卵成熟较好，可进行催产；若卵核居中，表明成熟较差。过分成熟或退化卵无核象，催产效果差。

(2)成熟雄亲鱼的选择　雄亲鱼在池塘中能发育成熟，进入繁殖季节就有精液产生。用手轻压生殖孔前的腹部两侧，若有乳白色浓稠状的精液从生殖孔流出，且入水后能迅速均匀散开，表明成熟好，质量上乘，这样的雄亲鱼可以选用。若挤出的精液量少，入水后呈细线状或带状，不易散开，表明尚未完全成熟；若挤不出精液，则表明成熟更差；若挤出的精液量少，很稀薄且带黄色，表明精巢已开始退化。这些雄亲鱼均不宜选用。由于青鱼的雄亲鱼一般精液较少，常将精液吸出或挤出后供人工授精用。

选择催产的雌、雄亲鱼时，不仅要求性腺成熟好，而且要求体质健壮，无严重病伤。否则，会影响亲鱼的正常发情与产卵。

3. 催产亲鱼配组　催产时每尾雌鱼与所搭配的雄鱼称为一组。每次催产亲鱼的组数，应根据生产鱼苗数量的需要，视产卵池大小、孵化器容量以及亲鱼个体大小等来确定。一般按每4～5立方米水体的产卵池放体重5～8千克的亲鱼1组，雌鱼平均每千克体重产卵6万～8万粒，孵化环道每立方米水体放鱼卵80万～100万粒进行预算。由于产卵、受精的方式不同，其雌、雄配组也有不同。采用自然产卵受精方式时雄鱼应略多于雌鱼，雌、雄比例一般以1∶1.5为好。若雄鱼较少，至少也不应低于1∶1。采用人工授精方式时雌、雄鱼配比一般为1∶1，雄鱼也可略少于雌鱼，因为成熟好、精液量多的雄鱼，1尾鱼的精液可供2～3尾同样大小的雌鱼受精。

此外，在配组时还应注意同一批催产的雌、雄亲鱼，个体重量大小应大致相同，不宜差距过大，以保证繁殖活动的协调。

(六)注射催产剂

1. 注射次数与时间

(1)注射次数　分为1次注射法和2次注射法两种方法，特殊情况下可采用3次注射。1次注射法是将预定的有效催产剂量，一次性全部注入鱼体；2次注射法是把预定的有效剂量分2次注入鱼体，第一针先注入少量催产剂，过若干小时后再注射余下的剂量。

注射次数根据亲鱼种类、催产剂种类、催产季节和亲鱼的成熟度来决定。凡一次注射能达到催产目的的就不必分次注射，因1次注射法可减少亲鱼捕捞受伤的机会，操作简便，节约人力，减轻劳动强度，缩短生产周期。对鲢、鳙(特别是初次产卵鱼)催产时，或用促黄体素释放激素类似物催产草鱼时，一般采用1次注射法即可收到较好效果。

实践证明，2次注射法催产效果一般较1次注射法好，亲鱼发情即效应时间较稳定和一致，其催产率、产卵量和受精率都较高。特别是在催产早期、水温偏低或亲鱼成熟不够充分时，采用2次注射法效果更明显，因为第一针注射(尤以注射促黄体素释放激素类似物为佳)对亲鱼有催熟作用。另外，2次注射法更符合鱼类性腺发育成熟、排卵和产卵的生理规律。许多研究表明，血液中促性腺激素含量的不断增加与卵细胞发育、成熟的过程相一致，而促性腺激素含量的骤然增高，则是引起鱼类排卵的主要因素。第一针低剂量注射可启动处于等待状态、接近成熟的 4 时相卵母细胞进入成熟阶段，同时还能促使部分处于 4 时相初期的卵母细胞进一步迅速发育成熟。接着进行第二针大剂量注射，满足卵细胞在成熟分裂过程中急剧变化时的高含量促性腺激素的生理性刺激，从而增加对排卵、产卵过程的推动力。2 次注射相距的时间，称为针距或时距，一般为6～12 小时，有时延至 24 小时。确定针距长短的一般原则为：水温低或亲鱼成熟较差时，适当延长针距；反之，则短些。

雄鱼一般只需注射 1 次，即在雌鱼注射第二针时进行。

(2)注射时间安排　注射时间无统一规定，主要根据天气、水温、注射次数、催产剂种类、效应时间以及操作方便来安排，但亲鱼产卵时间以控制在翌日清晨为宜，这既符合鱼类自然产卵规律，又有利于工作的进行。1 次注射法的注射时间，在水温较低时，一般安排在下午 3～4 时；水温较高时，安排在晚上 8～10 时。2 次注射法的注射时间，在水温较低时，第一针安排在上午 9～10 时，第二针安排在下午 3～4 时；水温高时，第一针安排在下午 4～5 时，第二针安排在晚上 10～11 时。

2. 催产药物剂量　剂量是指促使亲鱼产卵的单位体重(千克)用药量。准确掌握催产剂的种类与注射剂量，是人工繁殖中促使亲鱼顺利产卵、排精重要的一环，必须做好。

(1)确定催产剂用量的原则　注射剂量应根据亲鱼成熟情况、催产剂的质量、水温等具体情况控制掌握，基本原则包括以下几项。

第一，在催产早期水温较低或亲鱼成熟不够充分时，剂量可适当提高(比常量高 1/4 左右)；亲鱼成熟较好或在催产中期，可适当降低。

第二，年龄较大和经产亲鱼，应适当增加剂量，至少不应低于往年用过的剂量。因经过多次注射激素后的亲鱼，体内已产生一定抗体，会使催产剂效力降低。

第三，不同种类的鱼，对催产剂的敏感性有差异，故注射催产剂剂量也有所不同。一般鲢、草鱼剂量较小，鳙稍大，青鱼最大。

(2)1 次注射法剂量　催产剂可单一使用(但绒毛膜促性腺激素只能单独用于鲢、鳙)，也可混合使用。实际催产时，以 2 种催产剂混合使用效果较好。注射剂量和混合比例以经济而有效地达到使亲鱼顺利产卵、排精，又不损害亲鱼为准。现将四大家鱼雌亲鱼每千克体重所用的剂量列于表 3-4 和表 3-5，以供参考，但各地可依当地的具体情况作适当调整。雄鱼剂量一般为雌鱼剂量的一半，成熟好、水温高时可减至 1/3。

表 3-4　常用催产剂单一使用剂量

品　种	激　素					
	PG (毫克)	HCG (单位)	LRH-A (微克)	$LRH\text{-}A_3$ (微克)	LRH-A+RES (微克、毫克)	LRH-A+DOM (微克、毫克)
鲢	4～5	900～1200			10～20+5	10～20+3～5
鳙	4～6	1200～1500			10～20+5	10～20+3～5
草　鱼	4～5		10～15	10～15	10+5	10+3～5
青　鱼	5～7					

(3)2 次注射法剂量　第一针注射剂量很小(一般为全剂量的 1/10～1/6)。鲢、鳙、草鱼的剂量基本相同。雌鱼每千克体重用鲤脑垂体 0.5～1 毫克，或促黄体素释放激素类似物 1～2 微克，或鲤脑垂体和促黄体素释放激素类似物各取一半剂量混合注射。青鱼剂量可略高些。但需注意，对成熟较好的亲鱼，第一针的剂量应严格控制，不能加大，否则易引起早产(即在第二针注射前已产卵)，或由于产卵时间不一致，导致受精率不高。第二针注射剂量与上述 1 次注射法的剂量相同。

雄鱼一般不注射第一针，均为末次注射(即在雌鱼注射第二针时进行)，剂量为雌鱼剂量的一半。

青鱼情况较特殊，性腺发育往往较差，一般均采用 2 次注射法或 3 次注射法。采用 3 次注射法时，在预计催产前 15 天左右打预备针，雌鱼每千克体重注射促黄体素释放激素类似物(或促黄体素释放激素 A_3)2～3 微克；第二针每千克体重注射促黄体素释放激素类似物 5 微克；12～20 小时后，注射第三针，每千克体重注射多巴胺拮抗物 5 毫克、促黄体素释放激素类似物 20 微克，或用鱼类脑垂体 3～4 毫克、促黄体素释放激素类似物(或促黄体素释放激素 A_3) 15 微克。雄鱼在末次注射，剂量减半。如雄鱼挤不出精液，也可打预备针，剂量与雌鱼相同。

表 3-5　常用催产剂混合使用剂量

品种	激素				备注
	PG（毫克）	HCG（单位）	LRH-A（微克）	LRH-A_3（微克）	
鲢	1		10～20		①表内剂量为每千克雌鱼体重的用量，雄鱼剂量减半 ②用 LRH-A 或 HCG 催产时，加适量脑垂体效果更好
				10～20	
		500～600	10～20		
				10～20	
鳙	1.5		10～20		
				10～20	
		500～600	15～20		
				15～20	
草鱼	1～2		10		
				10	
		200～500	10		
				10	
青鱼	3～4		15～30		
				15～30	
		800～1200	15～20		
				15～20	

3. 注射液的配制 进行催产注射时，需将催产剂先配制成注射液，即将鱼类脑垂体、绒毛膜促性腺激素和促黄体素释放激素类似物等用注射用水溶解或制成悬浊液，然后注入鱼体内。配制时可按雌、雄亲鱼的实际体重，将注射液合在一起配制；也可将雌、雄亲鱼的注射液分开配制。目前生产中多采用后者。

注射液一般都在亲鱼催产前临时配制，现配现用。配好后不能久放，否则易失效。配制前，先根据催产亲鱼的雌、雄尾数和鱼体总重量，计划使用的用药量和注射用水量，算出催产激素和稀释液的总用量。再在计算的总量基础上增加5%～10%的药量与注射用水，以弥补在配制和注射操作中的损失。

(1)注射液的配制方法

①鱼类脑垂体注射液的配制：按计算所需用量取出脑垂体。如果是用浸泡液保存的脑垂体，取出后应放在干净滤纸上晾数分钟，待挥发干燥后放入洗净擦干的研钵中充分研磨，磨得越细越好(避免注射时堵塞针头和影响鱼体吸收)。再加入少量注射用水，进一步研磨，使呈糨糊状稠液。最后加入计算的全部注射用水，搅匀成悬浊液，吸入消毒过的注射器内备用。

②绒毛膜促性腺激素、促黄体素释放激素类似物和混合激素A、B型注射液的配制：这些催产激素均装在小安瓿中，上标有药量，配制时先用砂轮片在瓶子较小的一端用力重复划2圈，用镊子在划痕处用力敲破，将少量注射用水注入小瓶中，轻摇，使药粉完全溶解。然后将药液倒入研钵中，再加入注射用水稀释至所需的浓度，混合均匀后，吸入注射器中备用。如要与脑垂体混合使用，应先将脑垂体研磨成粉末，制成悬浊液后再加入绒毛膜促性腺激素或促黄体素释放激素类似物的配制液，充分搅匀后，吸入注射器中备用。

③高效催产合剂注射液的配制：按需要用量取出多巴胺排除剂或多巴胺拮抗物，放入研钵中，加少量注射用水研磨成悬浮液，

然后将促黄体素释放激素类似物溶解在一定量的注射用水内，配成一定的浓度，注射时将两种溶液按需要量混合后注射。

(2)注射用水　配制注射液的水可用生理盐水、蒸馏水和洁净的冷开水等。每尾亲鱼的注射量应视鱼体大小而定，一般控制在2～3毫升，不宜超过5毫升。雌鱼体重在5千克以下者，每千克体重可用0.5～1毫升；体重在5千克以上者，每千克可用0.2～0.5毫升。若采用2次注射法，第一针每尾雌鱼用水量为1～2毫升，第二针用水量不超过5毫升。雄鱼注射用水量为雌鱼的一半。注射用水量无严格限制，因注射液的浓度大小对催产效果并无多大影响，但也不宜过浓或过稀。过浓，注射液稍有损耗会造成注射剂量不足；过稀，将大量的水注入鱼体，会影响鱼体吸收，对亲鱼不利。

(3)注射液配制举例　拟催产鲢4组。雌鱼4尾，体重均为7千克；雄鱼5尾，体重均为6千克。采用2次注射法，雌鱼第一针每千克体重用鲤脑垂体0.5毫克，注射用水0.2毫升；第二针每千克体重用促黄体素释放激素类似物15微克加鲤脑垂体1毫克，注射用水0.5毫升。雄鱼只进行第二针注射，药量和用水量均为雌鱼第二针注射用量的一半。增加10%的药量与水量补充损耗。具体计算方法如下。

雌亲鱼体重共28千克，雄鱼体重共30千克。第一针注射雌鱼的用药量与用水量为：

鲤脑垂体(0.5×28)×(1+10%)=15.4(毫克)

注射用水(0.2×28)×(1+10%)=6.2(毫升)

第二针注射雌鱼的用药量与用水量为：

促黄体素释放激素类似物(15×28)×(1+10%)=462(微克)

鲤脑垂体(1×28)×(1+10%)=30.8(毫克)

注射用水(0.5×28)×(1+10%)=15.4(毫升)

第二针雄鱼的用药量与用水量为：

促黄体素释放激素类似物(7.5×30)×(1+10%)=247.5(微克)

鲤鱼脑垂体(0.5×30)×(1+10%)=16.5(毫克)

注射用水(0.25×30)×(1+10%)=8.3(毫升)

则注射第二针共需促黄体素释放激素类似物709.5微克,鲤脑垂体47.3毫克,注射用水24毫升。将上述药剂溶于注射用水中即可,使用时根据每尾亲鱼的实际体重注射相应的剂量。

4. 注射部位与方法 从培育池挑选充分成熟的雌、雄亲鱼,用亲鱼夹运送到产卵池的暂养箱,用竹签在雌、雄鱼头上分别划上编号。用大秤称量每尾鱼的体重,再根据鱼的体重计算用药量,配好催产注射液后,即可进行注射。

注射时用5毫升或10毫升的注射器吸取注射液,并排出注射器内的空气。脑垂体注射液有沉淀时,应先摇匀。将注射器排放在解剖盘上。注射操作一般由两人配合进行,一人持亲鱼夹,使鱼侧卧水面,把鱼的上半部托出水面,露出注射部位,另一人进行注射。如技术熟练也可一人操作,一手握住胸鳍,一手持注射器注射。

注射部位分为腹腔注射和肌内注射2种,目前生产上多采用前法。

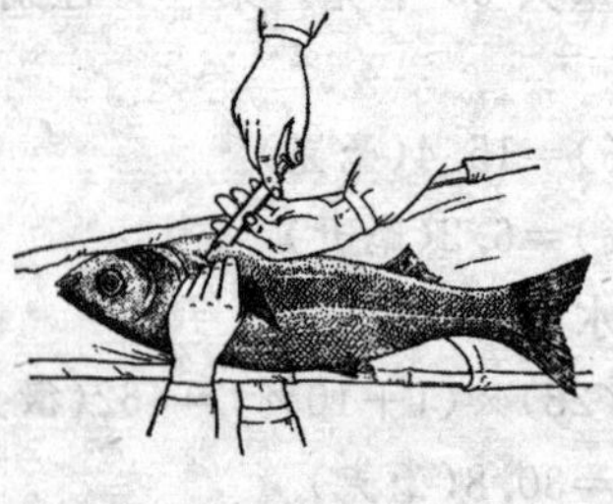

图3-7 腹腔注射

(1)腹腔注射 即胸鳍基部注射(图3-7)。将亲鱼的胸鳍张开,针头从胸鳍基部内侧无鳞片的凹窝处,向鱼体头部前上方与体轴呈45°~60°角刺入1.5~2厘米深(注意千万不可刺伤内脏),然后慢慢注入预计数量的注射液。注射完毕,立即拔出针头,将亲鱼放入产卵池中。此法一次可注入较多的注射液。

(2)肌内注射　在鱼的侧线与背鳍间的背部肌肉或紧靠背鳍基部的无鳞处注射。注射时，先用针头将鳞片向鱼头部方向稍挑起，然后呈45°角向前刺入肌肉1.5～2厘米，将注射液徐徐注入，注射完后迅速拔出针头。此法每次注射的药液少，一般不超过1毫升，以免注射液量太多，从针口溢出，造成浪费，故生产中只在注射液量较少时才使用本法。

在注射过程中需注意，当针头刺入鱼体后，若亲鱼突然挣扎扭动，应赶快拔出针头，待亲鱼安静下来后再行注射，以免折坏针头或刺伤亲鱼。

亲鱼注射催产剂后，立即将亲鱼按配组放入产卵池中。为防止亲鱼跳出池外，应在产卵池周围装上高1米左右的围网。

(七)发情、产卵和受精

1.发情与效应时间

(1)发情　成熟亲鱼在注射催产剂后，由于受性激素的作用，产生生理反应，经过一定的时间，出现雄鱼追逐雌鱼的兴奋现象，这种性兴奋的行为称为发情。发情是亲鱼即将或正在排卵的信号，是产卵的前奏。要想准确地掌握产卵和人工授精的时间，必须善于观察亲鱼发情。

发情开始时，雌、雄鱼在水下进行较缓慢的追逐，水面常出现小的波纹，间隔时间较长。随着雌、雄亲鱼兴奋性的增强，追逐渐快；追逐趋向激烈时，亲鱼逐渐由水的下层转向上层，并游到水面，在水面常出现大的波纹；当亲鱼发情进入高潮时，经常可见雄鱼兴奋地紧追雌鱼，常用头部摩擦和冲撞雌鱼腹部，甚至将雌鱼顶出水面，并不时露出尾鳍，激起阵阵浪花和旋涡，或发出泼水声。

一般鲢和草鱼的发情行为比较明显，鳙和青鱼的发情现象多在水下进行，一般只能在水面看到一些波纹或旋涡，不如鲢和草鱼明显。

(2)效应时间　亲鱼注射催产剂后(末次注射)至开始发情产卵所需的时间,称为效应时间。效应时间的长短受多种因素影响,与水温、注射次数、催产剂种类、亲鱼的种类与年龄、性腺成熟度以及水质条件等密切相关。

水温是决定效应时间长短的主要因素,因此在生产上通常都根据水温来推算效应时间。水温与效应时间呈负相关,即水温高,效应时间短;水温低,效应时间长。一般水温每相差 1℃,效应时间会相应增加或减少 1～2 小时。水温与效应时间的关系见表 3-6 和表 3-7。

表 3-6　草鱼 1 次注射不同种类催产剂的效应时间

水　温(℃)	效应时间(小时)	
	鱼类脑垂体	LRH-A
20～21	14～16	19～22
22～23	12～14	17～20
24～25	10～12	15～18
26～27	9～10	12～15
28～29	8～9	11～13

表 3-7　四大家鱼 2 次注射时的效应时间

水温(℃)	从第二次注射到发情的时间(小时)	从第二次注射至产卵或人工授精的时间(小时)
20～21	10～11	11～12
22～23	9～10	10～11
24～25	7～8	8～10
26～27	6～7	7～8
28～29	5～6	6～7

催产后，若水温突然变化，特别是在催产早期，遇暴雨或冷空气袭击，温度突然下降，不仅会使效应时间延长，而且还会导致亲鱼正常产卵活动停止。

一般2次注射法的效应时间比1次注射法短。2次注射促黄体素释放激素类似物，随针距延长，其效应时间有缩短的趋势。如对鲢2次注射促黄体素释放激素类似物，当针距为24小时时，效应时间可大致稳定在10小时左右(表3-8)。

表3-8　鲢2次注射LRH-A(针距24小时)的效应时间

(引自《中国池塘养鱼学》)

水温(℃)	20～21	22～23	24～25	26
第二针距产卵时间(小时)	8～11	8～11	8～10	7～9.5

比较常用的3种催产剂，可见注射鱼类脑垂体的效应时间比注射绒毛膜促性腺激素要短1～2小时；注射绒毛膜促性腺激素又比注射促黄体素释放激素类似物要短。注射促黄体素释放激素类似物比注射鱼类脑垂体或绒毛膜促性腺激素效应时间均要长，这是因为注射脑垂体或绒毛膜促性腺激素能直接作用于性腺，故效应时间相应缩短，而注射促黄体素释放激素类似物须经血液循环先作用于脑垂体，然后再作用于性腺。

效应时间随鱼的种类而有不同，在四大家鱼中，以草鱼效应时间为最短，鲢次之，鳙和青鱼略长。青鱼2次或3次注射促黄体素释放激素类似物和鱼类脑垂体混合剂，其效应时间为10～15小时。初次达性成熟的小个体，因对促黄体素释放激素类似物反应敏感，其效应时间比个体大、已繁殖过多次的亲鱼要短。若亲鱼性腺发育良好，且产卵生态条件适宜，则效应时间较短；反之，亲鱼性腺成熟差，产卵生态条件又不适宜，如水中缺氧、水质污染等，往往效应时间都要延长。

在正常情况下，生产上一般根据当时的水温和注射次数来推算亲鱼的发情产卵时间，从而做到合理安排产卵工作和适时进行人工授精。

2. 自然产卵受精与鱼卵收集

(1)自然产卵受精　排到卵巢腔中的卵子，要在适宜的外界条件下，才能通过生殖孔产出体外，一般在亲鱼开始发情后的半小时，当发情亲鱼达高度兴奋时就可产卵。产卵过程的完成需要有异性的刺激与外力的协助。产卵时，雄鱼与雌鱼紧密配合，在雄鱼急速追逐、顶撞、挤迫下，雌鱼侧卧水面，胸鳍与腹鳍伸展，雌、雄鱼腹部紧贴，尾柄相互弯曲扭合在一起。雌鱼身体剧烈颤动，使腹壁急促收缩，将积聚在卵巢腔内处于第二次成熟分裂中期的大量卵子冲破闭锁的生殖孔一涌而出，有如烟缕，产于水中。与此同时，雄鱼随即排精，并借助尾鳍搅动水流，使精子与卵子充分接触使卵受精。亲鱼这种自行产卵、排精，完成受精的过程，称为自然产卵受精。成熟的精子通过成熟卵的受精孔，进入卵质，经卵的激动和修整，雌、雄两性原核融合，形成一个有生命的新细胞(合子)，称为受精卵。

同一批催产的亲鱼，一般在开始产卵后，每隔几分钟至十几分钟就群起产卵 1 次。产卵顺利的亲鱼，经过 2～3 次这样的产卵，即能完成整个产卵过程。一般 1 尾亲鱼产卵半小时可结束。由于产卵池中放有多组亲鱼，雌鱼成熟度有差别，效应时间不一，故发情产卵有先后。如若亲鱼成熟度一致，剂量得当，雌、雄亲鱼同步发情，2 小时可结束产卵，卵产得好，受精率也高。如不能同步发情，产卵活动时间可超过 4 小时，有时可能拖得更长些，自然受精率、卵质也差。一般说来，当水面恢复平静时，表示产卵完毕。

(2)产卵池的管理　亲鱼注射催产剂后，必须加强产卵池的管理，保持环境安静，安排专人值班，适时冲水，观察亲鱼的动态，记录第一次发情时间、产卵高峰时间以及产卵结束时间，并及时收集鱼卵。

①产卵池注水:亲鱼放入产卵池后,适时注水是刺激亲鱼发情的一项措施,同时也可创造良好的水质条件,对成熟不够充分的亲鱼,冲水可获得较好效果。刚放入产卵池时,可暂不注水,以便让刚经受捕捞与注射的亲鱼得到休息。稍后应冲水1～2小时,待亲鱼发情前2小时左右再次冲水,水流可由慢到快,直至见到亲鱼开始发情时减少注水量。发情约半小时后,应定期检查集卵箱,观察是否有卵出现。采用自然产卵时,要连续不断地冲水,边产卵,边收卵,冲水直至收卵结束。

②鱼卵收集:刚产出的卵,一般沉于水底,待稍吸水后,下沉的受精卵在水流的冲动下,沿出卵管很快进入集卵箱。当在集卵箱中见到鱼卵后,应注意检查箱中积卵情况,如有大量鱼卵积聚时,要及时用小勺或面盆将卵捞出,过数后移入孵化器中孵化,避免鱼卵在集卵箱中沉积过密。相互挤压,堆积时间过长,会使卵膜破裂,损坏鱼卵或导致鱼卵窒息死亡。

收卵时,要控制好闸门,水流不能过急,流速以能将卵粒冲进网箱为度。要及时捞取箱中的杂物,保持箱中水体清洁。应经常用长柄刷轻轻洗刷出卵管四周和表面,以防泥沙等堵塞网目。

当产卵池亲鱼处于平静状态、集卵箱中卵粒不多时,表明产卵结束。一般收卵持续时间为2～4小时。如分析有滞产可能时,应及时拉网,以不失人工授精的有效时间。产卵结束后可捕出产卵池中的亲鱼,放干池水,收集剩下的鱼卵,清洗产卵池和集卵箱,转入下一轮亲鱼催产。

为免除人工收卵操作的麻烦,有些单位利用地势差建造产卵池和孵化环道。将产卵池出水口下的暗水管直通环道内,流水产卵时,只要打开闸门,鱼卵即随水流一起进入环道中。此法缺点是不便统计流入环道的鱼卵数。

3. 人工授精　即指通过人为的措施,从亲鱼体内采集成熟的卵子与精子,将其混合在一起,完成受精作用的方法。人工授精的成功主要取决于选择授精的时间、方法和技术掌握是否恰当。当然也与授精时的条件相关，但其核心在于保证卵子和精子的质量。

(1)成熟精子的生物学特性　主要养殖鱼类的精子，具有卵圆形的头部、颈部和细长的尾部，具有独立运动的能力。成熟的精子在精巢内或离体的精液中是不活动的，当与水接触后，立刻开始剧烈运动。精子运动主要靠尾部的收缩，开始为强烈运动，速度很快，称涡动。随后渐变为慢速摆动，最后进入摇尾运动，可见精子尾巴摆动，当停止摆尾运动后精子死亡。

由于精子在剧烈运动和调节渗透压时要消耗能量，故鱼类精子的寿命与活力较短促，持续时间一般仅1～3分钟。但随种类不同而有所不同。四大家鱼的精子在淡水中只能存活50～60秒钟，其中剧烈运动、具有较高受精力的时间仅20～30秒钟；鲤的精子在淡水中保持活动的时间为1.5～3分钟；鲟为10～15分钟。

精子的寿命、活力与水环境的温度、盐度和pH值有密切关系。在适温范围内，温度升高，精子活力与代谢强度增强，能量消耗加速，故寿命缩短；反之，温度降低，精子寿命可延长。精子在水中活动时，大部分能量消耗在调节渗透压上。淡水鱼类成熟精子原生质的渗透压相当于0.5%食盐水溶液的渗透压，精子在水中处于低渗环境，原生质要消耗大量能量来阻止水分渗入。当精子处于等渗环境中，则可减除渗透压调节耗能，故而能延长精子的寿命与活力。因此，在进行人工授精时，可用等渗的蔗糖溶液或0.3%～0.5%生理盐水来提高精子活力。精子对水环境的酸碱度也非常敏感。弱碱性水环境可提高精子活力，但精子寿命相对缩短；相反，在有一定浓度的二氧化碳形成的弱酸性水中，由于精子受到麻醉，抑制了精子活动，相对延长了精子寿命。

精子活力，即精子剧烈运动的时间，关系到受精力的提高。研究表明，草鱼精子在30秒钟内，一般受精率均可达到80%以上。因此，提高精子活力比延长精子寿命更重要。

(2)采取精、卵的时间 人工授精成功的关键在于准确地掌握好采卵和授精的时间。鱼卵的成熟度关系到鱼卵的受精和发育。只有适度成熟的卵受精后,才能发育正常。四大家鱼排卵后,卵从脱离滤泡到产出,在水温25℃左右时,保持正常受精的时间仅1~2小时。离体鱼卵在原卵液中绝大多数在10分钟之内不会丧失受精能力,但遇水后60~90秒钟即失去受精能力(表3-9)。而在淡水中保持正常受精的有效时间则更短,只有20~30秒钟。因此,最佳采卵时间应控制在卵已排入卵巢腔,尚未产出之前,此时受精率高。若采卵过早,卵未脱离滤泡,不能产出;采卵过迟,卵在卵巢腔内停留过久,而成为过熟卵,影响受精率。严重过熟卵,会完全丧失受精能力。

表3-9 鳙、草鱼成熟卵子在淡水中的时间与受精率的关系

卵子入水后至开始受精时间(秒)	干法授精	30	45	60	90	120
鳙鱼卵平均受精率(%)	60.5	30.4	23.7	11.5	6.4	0
草鱼卵平均受精率(%)	90.3	28.6	5	0.6	0	0

成熟的精子离体后,在淡水中保持正常受精,具较高受精率的时间也只有20~30秒钟。这就是说,成熟卵子和精子在淡水中需在20~30秒钟完成受精,才有高受精率。如果延误了受精的有效时间,受精率会降低,甚至不能受精。因此,在人工授精时,要参照效应时间,注意观察发情活动,准确判断亲鱼发情排卵的征兆,适时捕鱼采卵授精。一般在亲鱼发情后15~20分钟,发情较激烈时,起捕亲鱼检查,若轻压鱼腹有大量卵流出时,甚至提起亲鱼头部卵能自流时,表明卵已处于适当成熟期,即可进行人工授精。

需注意的是,在初次发情时不要急于拉网,待看到有产卵动作或开始产卵时拉网。先将雌鱼捉入鱼夹,逐条检查排卵情况。在依效应时间计算亲鱼发情排卵时,如过了较长的效应时间,仍不见发情,也可起捕亲鱼检查。因为有的亲鱼(如鳙、青鱼)发情并不明显;或亲鱼受伤、环境条件不适时,雌鱼往往不发情也可能排卵。

在挤卵时,有的雌鱼只能挤出部分卵子,还有一部分卵尚未离巢。不能挤出(鳙常见此种情况)或有的雌鱼挤不出卵子,此时可将亲鱼暂放回产卵池或网箱中,继续给予微流水刺激,待半小时后再行检查,仍有可能挤出部分或全部鱼卵。

(3)精子的低温保存　在人工授精中因育种和生产之需,通常将鱼类离体精子保存一段时间。离体精液在低温条件下,可维持精子不动,延长精子的寿命,在数天至十几天内仍有活力,进行人工授精仍可获良好效果。在一定温度范围内,温度越低,保存精液的时间就越长。

精子低温保存的具体方法是:选优良亲鱼,用纱布擦干鱼体表和肛门处的水分,先挤出 1 滴精液弃掉,再边挤边用吸管对准泄殖孔吸取精液。吸取的精液注入小瓶中,加塞密封贮存。使用的吸管、小瓶等工具要事先洗净、消毒和烘干。要特别注意保持干燥,不能有水。

将取得的精液放入盛有一半冰块的保温瓶中,瓶内温度保持在 0℃～2℃。若小瓶中精液不足 2 毫升,为防突然冷却,可先在冰上覆 2～3 层夹有脱脂棉花的纱布,塞上保温瓶,待瓶中温度下降到 2℃左右时,将贮精小瓶放在纱布上再塞好塞子,每隔 5 分钟取出一层纱布,直至最后将贮精小瓶直接放在冰块上。在 0℃～2℃温度下,四大家鱼的精子可保存 10～14 天。使用时,将贮精瓶取出,待恢复到环境温度时,进行人工授精。

(4)人工授精方法　在人工授精之前要事先准备好使用的工具,如大白瓷脸盆、采卵夹、取精管(吸管或医用注射器)等。四大家鱼人工授精的方法有如下 3 种。

①干法授精:一般由 3 个人协同操作。2 人分别抱住雌、雄亲鱼挤出卵子和精液,1 人持盆承接。当发现亲鱼发情时,立即起捕鱼检查。将雌、雄亲鱼分放在采精、卵的鱼夹里,若轻压鱼腹卵能

自动流出，表明可授精。迅速用手按住生殖孔，将鱼提出水面，用毛巾擦干鱼体腹部和采卵夹上的水分，使雌鱼头部斜向上方，生殖孔对准脸盆(图 3-8)，用手轻压鱼体下腹两侧，让卵流入洗净擦干的脸盆中(每盆可盛卵 50 万粒)，至挤空为止。用同样方法立即向盆内挤入雄鱼精液，或用吸精管吸取精液滴在卵上，一般 10 万～20 万粒卵用精液 10 滴左右。同时用羽毛或手在盆内轻拌 1～2 分钟，使精、卵充分均匀混合，然后徐徐加入少量清水，再轻拌 1～2 分钟使卵完全受精，静置 1～2 分钟，倒出污水，重复用清水洗卵 2～3 次，洗去多余精液，将卵子过数后移入孵化器中孵化。

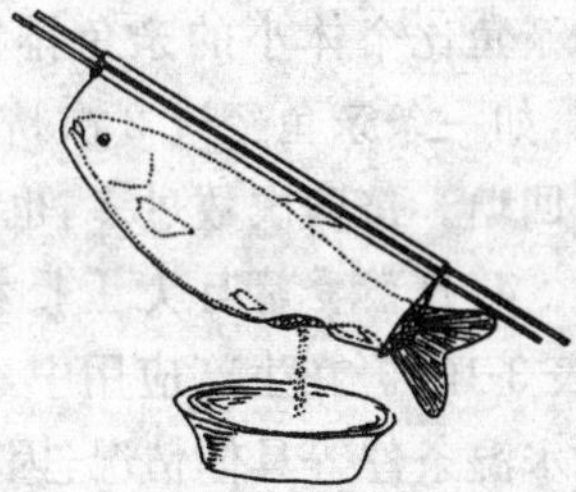

图 3-8　采卵示意

②湿法授精：将鱼卵和精液同时挤入(或先挤卵、后挤精)盛有少量清水的盆中，并不断轻拌或摇动，使精、卵充分混合，然后再按干法人工授精方法操作。

③半干法授精：擦干雄鱼体表水分，将精液挤出或用吸管吸出，用少量 0.3%～0.5%生理盐水稀释，然后将稀释后的精液倒在采集的鱼卵上，按干法人工授精方法搅匀、冲洗，使之完成受精过程，再将卵移入孵化器中孵化。

以上 3 种方法如操作熟练，配合协调得好，均可获得满意的效果，但生产上常采用干法人工授精。

人工授精时应注意的事项：一是在人工授精过程中应避免阳光直射，因直射阳光(主要是紫外线和红外线)能杀伤精子。但白天散射光线对精子无有害影响，故人工授精可在遮阳伞下进行。二是采卵和采精的时间间隔越短越好，最好同时进行，以免因耽误时间影响受精率；操作人员要配合协调，做到动作轻快，忙而不乱，否则易造成亲鱼受伤，引起产后亲鱼死亡。三是精、卵质量会直接影响到苗种的优劣，在人工授精时须充分重视。一般优质的精液呈乳白色、量多，精子密度大、活动力强，遇水后立即散开；质量差的精液量少，精子密度小，精液稀薄、呈淡白色，活动力差。个体大的亲鱼比个体小的亲鱼排精量多。对不成熟的雌鱼不要勉强挤压，如一条亲鱼经过2次挤卵仍挤不出，腹部又不太柔软时，应立即回塘。挤卵次数过多，也会造成亲鱼损伤、死亡。

4. 自然受精与人工授精的比较 这两种方法各有其优缺点（表3-10）。在生产应用中，可根据生产设备、生产习惯、鱼的种类和水温条件等具体情况，因地制宜地采用，但以两种方法结合进行较好。以自然产卵受精为主，人工授精为辅，即在亲鱼自然产卵高峰后1小时左右进行人工授精；或在到了效应时间而未见发情产卵现象，过1～2小时捕捞亲鱼检查，进行人工授精。人工授精方法的采卵率（即产出的卵子与怀卵量之比的百分数）鲢约为61%，鳙约为71%，草鱼约为96%。

表3-10 自然受精与人工授精优缺点的比较

	自然受精	人工授精
优 点	①符合卵子成熟进程，卵子陆续产出，受精率较高 ②对同一批的多尾亲鱼产卵时间不一致无影响 ③亲鱼受伤少	①设备简单，受条件限制较小 ②受精卵中无敌害和杂物 ③便于进行鱼类杂交培育新品种 ④在亲鱼受伤或水温偏高时，仍可获得部分受精卵 ⑤在雄鱼少、精液不足的情况下，可使卵子受精有保证
缺 点	①设备较多，受条件限制较大 ②受精卵中混有敌害与杂物 ③难于进行鱼类杂交工作 ④在雄鱼少时，卵子受精无保证	①较难掌握适宜的采卵时间，往往因卵子过熟而降低受精率 ②同一批多尾亲鱼在一起，因排卵时间不一致，在捕鱼采卵时常会影响其他亲鱼发情排卵 ③人工操作多且吃力，亲鱼受伤机会较多

5. 鱼卵的质量鉴别与计数

(1)鱼卵的质量鉴别 鱼卵质量与亲鱼性腺发育的好坏直接相关，卵球质量的优劣将直接影响到鱼卵的受精率、孵化率和出苗率。通常情况下，亲鱼经催产后，发情时间正常，产卵集中，产出的卵球饱满、大小一致，卵膜吸水膨胀速度快(产出后半小时即膨胀如球)，卵膜坚韧度大、弹性强、不易破裂；细胞分裂正常，分裂球大小均匀，边缘清楚。此类为适当成熟的卵，质量好，受精率高。

催产后，若产卵时间持续较长，产出的卵大小不一(大的也较正常的卵小 1/5～1/4)，卵膜吸水速度慢，膨胀度小，卵膜软，这类卵一般不能受精或受精力很差。其原因是由于亲鱼培育不好，卵巢发育速度较慢(一般要到催产后期或秋季才有可能成熟)，或在夏初注射高剂量催产剂时多见。

还有一种情况是在催产中，由于某种原因(雌鱼受伤或雄鱼追逐无力等)，已排入卵巢腔中的卵，未能及时产出而趋于过熟。过熟卵吸水速度较慢，坚韧度也差。过熟较严重的卵，有的虽能进行细胞分裂，但会出现细胞大小不一、细胞上再生小球等不正常的分裂现象。这种卵在 2 小时左右即发生分解，最后为空心卵。过熟较轻的卵，尚能进行受精发育，并孵出鱼苗，但出膜时间提早，大多数为畸形，不能正常游动，最后多数陆续夭折。

适当成熟卵、不够成熟卵和过熟卵，一般可用肉眼根据其外部形态来鉴别(表 3-11)。

表 3-11 四大家鱼鱼卵质量鉴别要点

性 状	质 量	
	适当成熟卵	不够成熟或过熟卵
颜 色	鲜 明	暗 淡
吸水情况	吸水膨胀速度快	吸水膨胀速度慢，卵吸水不足
弹 性	卵球饱满，弹性强	卵球扁塌，弹性差

续表 3-11

性状	质量	
	适当成熟卵	不够成熟或过熟卵
鱼卵在盘上静置时胚胎所在位置	胚盘(动物极)侧卧	胚盘朝上,植物极向下
胚胎卵裂	卵裂整齐,分裂球清晰,发育正常	卵裂不规则,分裂球大小不一,发育不正常

(2)鱼卵的计数　从集卵箱中捞出的鱼卵可用脸盆或瓷碗等容器过数,然后移入孵化器中孵化。统计鱼卵数的方法有体积法和重量法 2 种,一般采用体积法。

①体积法:先量出盛卵容器(生产上常用脸盆)的容量(以毫升为单位),然后用量杯(100 毫升)量取 50 毫升或 100 毫升的吸水鱼卵或未吸水鱼卵(用干法人工授精则在水洗之前),计算其卵粒数,计量 2～3 次,得出每毫升的平均卵粒数。再将每单位容器的卵粒数乘以容器的盛卵次数,即可得出收集的全部鱼卵的总数。

为使计数较准确,对未吸水膨胀的卵,每次舀卵的浓度应尽量一致,不要忽浓忽稀。一般未吸水的鲢和草鱼卵每毫升为 650～700 粒,鳙为 600～650 粒;充分吸水后的卵一般每毫升约 13 粒。

②重量法:先称出卵的总重量(以克为单位),然后乘以每克重的卵粒数,即可得出总的卵粒数。鲢、草鱼未吸水的卵每克一般为 700～750 粒,鳙为 650～700 粒。未吸水卵每克的鱼卵数与每毫升的鱼卵数基本差不多。

(八)催产亲鱼的检查与结果分析

在人工催产条件下,并非所有催产的亲鱼都能顺利完成排卵、产卵过程,催而不产或产而不顺利的现象时有发生。因此,对催产后的亲鱼进行检查，分析亲鱼的产卵情况与产出卵的质量，总结催产成功或失败的原因，对提高四大家鱼人工繁殖技术与催产率具有重要意义。

1. 催产后的几种情况

(1)全产　雌亲鱼在激素作用下，能在预定的时间内自然产卵受精或人工授精。成熟卵全部产出或挤出，又称顺产(俗称“产空”)。其特征是雌鱼腹部明显空瘪，轻压腹部没有或仅有极少卵粒流出。这表明亲鱼成熟好，催产措施得当，环境条件适宜，故而能获得最佳效果。

(2)半产　亲鱼已产出一部分成熟较好的卵，但腹部仍较膨大，还有一部分卵未产出，这部分卵有可能挤出或挤不出。常见于下面 2 种情况。

一是余下的卵已经脱离滤泡，排到卵巢腔但未产出，轻压鱼腹仍有较多卵子流出。其原因可能是雌鱼体质差，受伤较重，无力将卵子产出；或雄鱼不足，个体太小，对雌鱼追逐刺激不够，发情不剧烈而影响产卵活动。也有可能是水温偏低或受外界惊动干扰所致。若挤出的卵尚未过熟，可进行人工授精；若卵在卵巢腔中停留时间长，已过熟，受精已无可能。但为避免卵吸水膨胀伤害亲鱼，仍应将这些卵挤出，然后再将亲鱼放入暂养池中暂养。

二是余下的卵已进入成熟期，但尚未从滤泡中排出。轻压鱼腹没有或只有少量卵液流出。其原因多数是雌鱼成熟较差，卵巢内卵的发育不整齐，部分卵的成熟进展缓慢，尚未全部成熟，对催产剂刺激的敏感性有快慢；或催产剂剂量不足，质量不好。如遇此种情况，可将亲鱼放回产卵池，等待 1～2 小时后可能会再产，也可挤出卵进行人工授精。

(3)未产(不产)　可分为以下 3 种情况。

一是雌鱼腹部无变化或变化轻微，挤不出卵。其原因多是亲鱼成熟很差或已严重退化；或催产药物失效、注射方法不当漏药太多;也可能是水质不良(过肥、缺氧或含有害成分)。如果能排除是亲鱼成熟问题,即能确认在催产前检查亲鱼成熟得好,则有可能是催产剂失效或质量差,或注射时未将激素全部注入鱼体所致,这种情况可以补针。补针剂量视卵的成熟状况而定,从 1/2 至原剂量不等。如属亲鱼成熟差,可回池加强培育,过些天或待催产后期再行催产。如属卵已过熟退化,应放回亲鱼产后护理池中暂养,待翌年催产。

二是雌鱼腹部异常膨大、变硬。轻压腹部时,挤不出卵,只有浑浊略带黄色的液体或血水流出;或有时卵巢块突出堵塞在生殖孔外,卵黏结不脱落。其原因可能是卵巢过熟已退化,催产剂量过大,导致卵的成熟和排卵失调。腹部膨大表明卵已成熟,对激素有敏感性,但由于滤泡未开放,不能及时将卵排到卵巢腔,卵已在其中进行成熟分裂,使卵在滤泡里吸水膨胀。卵巢块突出,则是因卵还未成熟,而滤泡细胞有敏感性,使卵巢组织已吸水膨胀所致。这样的亲鱼易死亡,应将堵塞生殖孔的卵巢块突起剪去,并将亲鱼放到水质清新的池中暂养。

三是已经排卵,但没有产出。腹部看上去膨胀得很大,且松软,但卵不产出。卵子停留在卵巢腔中,已过熟、糜烂,这种情况叫难产或滞产。其原因是多方面的,主要是由于雌亲鱼体质差,鱼体受伤,生殖孔被卵巢块阻塞。这种情况,应设法将亲鱼的卵取出,并加强护理。

2. 催产率的统计 鱼类人工繁殖的技术措施是围绕提高“三率”,即催产率、受精率和出苗率展开的,因此统计“三率”可作为人工繁殖的重要考核指标。

催产率即产卵率,是考核的第一个指标。统计催产率可了解亲鱼培育水平和催产技术水平。方法是:在亲鱼产卵结束后,起捕亲鱼逐尾检查,统计产卵亲鱼数(以全产为单位,将半产雌鱼折算为全产)。计算公式如下。

$$催产率=\frac{产卵雌鱼数}{催产雌鱼数}\times 100\%$$

(九)产后亲鱼的护理

亲鱼在繁殖过程中,因发情、产卵等生殖活动,体力消耗很大,抵抗力减弱。同时,亲鱼经捕捞、注射、人工授精等操作,往往引起鱼体受伤,其腹部或体侧常充血,皮肤损伤,鳞片脱落,严重时造成亲鱼感染疾病而导致死亡。因此,对产后亲鱼应精心护理。

1. 预防亲鱼受伤　从捕捞亲鱼开始到产卵完毕回池,每一操作过程都要尽力避免亲鱼受伤。应做好捕捞操作时的保护和运输亲鱼中的保护。拉网操作要细心,网目不宜过大,网线要光滑,不能太粗糙;捕鱼操作要协调,避免亲鱼跳跃撞伤;选鱼要离开池岸,在清水处进行。运送亲鱼要迅速,以免因运送路途太长或高温造成缺氧损伤。亲鱼入产卵池后,池周要加防护网,避免亲鱼跳上岸或鱼体撞在池壁上受伤。注射、人工授精和采卵操作要细心。

2. 产后亲鱼护理　对产后的亲鱼除了采取必要的防病措施外,还必须给予良好的环境条件。

(1)对受伤的亲鱼进行药物防治　为防止亲鱼伤口感染,孳生水霉和溃烂,应对产后亲鱼加强防病措施,进行伤口涂药和注射消炎或抗菌药物。轻度皮肤外伤的亲鱼,可用20毫克/升高锰酸钾溶液、磺胺类药物软膏、青霉素软膏等药物涂搽伤口。

对受伤严重的亲鱼,除用消炎药涂伤口外,可肌内注射青霉素(兽用),每千克体重注射1万单位,或注射10%磺胺噻唑钠注射液,体重5～8千克的亲鱼注射1毫升(内含药0.2克)。有的地区还给产后亲鱼注射50%葡萄糖注射液(每尾鱼3～5毫升)。

进行过人工授精的亲鱼,一般受伤较为严重,务必同时使用伤口涂药和注射抗菌药物的方法,以减少产后亲鱼死亡。

(2)放入池塘暂养　产后亲鱼应尽早进行专塘暂养。暂养池要保持水质清新,溶解氧充足,池水较深,并适当注换新水,天气闷热时,要防鱼浮头和泛塘。根据水温、天气和亲鱼的摄食情况,适当投喂些新鲜、营养丰富的精饲料或鲜嫩青草,加强营养,精养细喂,让亲鱼充分休息,使其迅速恢复体质,增强对病菌的抵抗力。

三、孵　化

孵化是指受精卵经胚胎发育至孵出鱼苗的全过程。人工孵化就是根据受精卵胚胎发育的生理和生态特性,人工创造适宜的孵化条件,采取相应的孵化管理措施,使胚胎正常发育孵出优质鱼苗,以提高孵化率和鱼苗成活率。

(一)四大家鱼的胚胎发育

鱼类的胚胎发育分为胚胎前期发育(胚胎期)和胚胎后期发育(胚后期)2 个阶段,以胚体孵出前后为界限。因此,四大家鱼的孵化是指从卵开始孵化,直到鱼苗能独立生活为止,即鱼苗下塘前的整个过程。

1. 胚胎发育的特点

(1)胚胎期很短,胚后期较长　胚胎期发育在卵膜内进行,以本身的卵黄为营养。在最适水温(26℃±1℃)下,通常 20～25 小时即可出膜。胚体破卵膜孵出后称为鱼苗,刚出膜的鱼苗(在生产上群众称"睏花")是鱼一生中最脆弱的阶段,此时机体的发育很不完善,不能上下浮沉和游泳,眼睛不能感光,不能向外界摄食,对不良环境的适应能力很差,最易遭受敌害生物侵袭。从孵出到鳔充气,能主动开始摄食独立生活需 3～3.5 天。

(2)胚胎发育需要充足的溶解氧和一定的水流　四大家鱼属敞水性产半浮性卵鱼类。卵在静水中沉于水底,稍有流水,即漂浮于水中。在江河里的受精卵随波逐流进行孵化,长期以来形成了

鱼卵孵化需要足够的氧气和一定流水的独特要求。

2. 胚胎发育时期与特征　卵子和精子结合，完成受精作用后，便进入胚胎发育阶段。四大家鱼的成熟卵呈圆形，带青灰色，半透明。受精卵遇水后，卵膜吸水迅速膨胀，形成围卵间隙。在20℃～28℃水温条件下，在15～30分钟内卵球直径由产出时的1.2～2毫米增大至4.5～6.5毫米，细胞质向动物极集中，形成胚盘隆起。接着在胚盘上进行卵裂，经多次分裂后，进入囊胚期、原肠期、神经胚期，随后器官组织逐渐分化形成，最后发育成鱼苗破膜而出。孵出后的鱼苗，经3～4天发育，各器官系统基本发育完善，如鳔形成并充气，胸鳍活动，口开启，肠道通，开始摄食和独立生活。

由于四大家鱼的发育时期和特征基本相同，下面以鲢为例进行介绍(表3-12，图3-9)。

表3-12　鲢胚胎发育特征及时序　(水温20℃～24℃)

图　序	发育时期	外部特征	经历时间(小时:分钟)
1	受精卵	圆球形，卵质均匀分布	0:00
2	1细胞期	原生质集中在卵球的动物极，形成隆起的胚盘	0:30
3	2细胞期	细胞分裂为2个大小相等的细胞(分裂球)	1:00
4	4细胞期	分裂球再次分裂，分裂沟与第一次分裂面相垂直，形成4个大小相等的细胞	1:10
5	8细胞期	2个分裂面与第一次分裂面平行，分裂成8个细胞，排列成2排，中间4个细胞较大，两侧4个较小	1:20
6	16细胞期	2个分裂面与第二次分裂面平行，形成16个细胞，中央4个细胞较大，外围12个较小	1:30
7	囊胚早期	分裂球很小，细胞界限不清楚，由很多分裂球组成的囊胚层，高举在卵黄上	2:27
8	囊胚中期	囊胚层变低，看不清细胞界限，解剖观察可见囊胚腔	3:00

续表 3-12

图序	发育时期	外部特征	经历时间（小时:分钟）
9	囊胚晚期	囊胚表面细胞向卵黄部分下包，约占整个胚胎的 1/3，囊胚层变扁	5:30
10	原肠早期	胚盘下包 1/2，胚环出现，背唇呈新月形	6:30
11	原肠中期	胚盘下包 2/3，胚盾出现	7:30
12	原肠晚期	胚盘下包 3/4，侧面观胚胎背面较隆起	9:15
13	神经胚期	胚盘下包 4/5，神经板形成，胚体转为侧卧	10:00
14	胚孔封闭期	胚孔关闭，神经板中线略向下凹，脊索呈柱状	11:33
15	尾芽期	胚体后端腹面出现一圆锥状的尾芽，眼囊变圆，体节 10 对	16:05
16	肌肉效应期	胚体开始微微收缩，第四脑室出现，晶体很清楚	19:35
17	心跳期	在卵黄囊头端脊索前下方，可见管状的心脏开始跳动，起初搏动微弱，继而变为有力	25:15
18	出膜期	胚胎破卵膜而出，中脑和后脑膨大，全身无色素，心脏为长管状，鳃板 3 块，头仍弯向腹面，体节 40～42 对	31:35
19	鳔形成期	眼球色素增多，眼变黑。在胸鳍后可见囊状的鳔，胸鳍如扇状，伸向身体两侧，体节 46～48 对	96:35
20	肠管形成期	身体色素增多，鳃盖形成，肠管直而细长，鳔膨大如气球，胸鳍活动，鱼苗有 4 对半外鳃，运动能力很强，可作长期游动，并主动摄食，不再停于水底	125:35

(二)环境因素对胚胎发育的影响

受精卵需要在一定的环境条件下，才能进行正常的发育。影响鱼卵孵化的主要外界环境条件有以下几个方面。

1. 水温 温度是影响胚胎发育的一个重要因素。每种鱼的胚

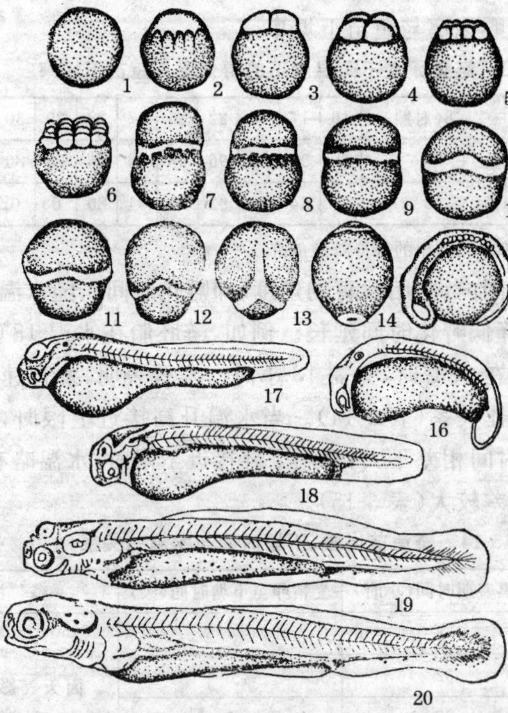

图 3-9　鲢的胚胎发育

1. 受精卵　2. 1 细胞期　3. 2 细胞期　4. 4 细胞期　5. 8 细胞期　6. 16 细胞期　7. 囊胚早期　8. 囊胚中期　9. 囊胚晚期　10. 原肠早期　11. 原肠中期　12. 原肠晚期　13. 神经胚期　14. 胚孔封闭期　15. 尾芽期　16. 肌肉效应期　17. 心跳期　18. 出膜期　19. 鳔形成期　20. 肠管形成期

胎发育都要求有一定的温度范围，温度过高或过低均会引起不良后果。四大家鱼胚胎发育的水温范围为 17℃～30℃，适宜水温为 22℃～28℃，最适水温为 25℃～27℃。低于 17℃或高于 30℃，或温差过大（±6℃），都会使胚胎发育停滞或异常。即使能孵出少量鱼苗,畸形胎也较多,多半在发育中途夭折。表 3-13 为鲢鱼卵在不同温度下的孵化率与鱼苗下塘率。

表 3-13 鲢鱼卵在不同温度下的孵化率与鱼苗下塘率

水温(℃)	21.8(对照)	16	17	18	22	26	27	28	29	30	31	32
孵化率(%)	96	0	90	88	96	98	96	90	78	80	14	8
鱼苗下塘率(%)	96	0	84	86	92	94	94	80	0	0	0	0

注:表中孵化率包括孵出的部分畸形鱼苗

在适温范围内,胚胎发育的速度(即孵化时间),随水温的升高而加快,水温降低孵化时间延长。例如,鲢胚胎在水温 18℃时,孵化需 61 小时;在 28℃时,只需 18 小时。实验表明,发育速度与水温不完全成正比关系(表 3-14)。当水温升高接近上限时,水温稍有变化,发育时间相差不大;水温下降接近下限时,水温略有变化,其孵化时间相差较大(表 3-15)。

表 3-14 鲢鱼苗出膜、下塘时间与水温的关系

水温(℃)	出膜盛期时间(小时)	受精卵至下塘时间(天)	备 注
19～20	38	7	因天气影响水温常不稳定,变化幅度较大,出膜与下塘时间会有变化
21～22	32	6	
23～24	28	5	
25～26	24	5	
27～28	22	4	
29～30	20	4	

表 3-15 鲢鱼卵孵化时间与水温的关系

水温(℃)	18	20	22	24	25	26	27	28	29.5	30	30.5
孵化时间(小时)	61	50	33	31	24	21	19	18	17	16	15.5

由于水温的升高或降低相应的引起胚胎发育过程的加快或减

慢,因而认为种内胚胎发育所需的总热量是一个常数,即受精卵发育过程中的平均水温与所经历的时间(天数或小时)的乘积(称孵化积温值)是比较接近的数值。四大家鱼中以草鱼和鲢的胚胎发育速度较快,鳙和青鱼稍慢一些。

值得注意的是,胚胎发育各时期对水温急剧变化的反应有所不同。从四大家鱼人工繁殖实践可知,胚胎发育至原肠中期、胚孔封闭前后对温度变化敏感,常引起大量死亡。

2. 溶解氧 不同种类鱼的胚胎对溶解氧的要求不同,浮性卵和半浮性卵要求较高的溶解氧,沉性卵一般能在溶解氧较低的水中发育。四大家鱼的胚胎在发育初期,对氧的要求较低,往后则逐渐增加。尾芽出现后耗氧量骤然增加,为早期的 2 倍多;到心脏搏动、血液开始循环时,耗氧量显著增大;胚体孵出前,氧气需要达到高峰。1 粒鲢的受精卵到孵出后 68 小时鱼苗卵黄囊消失为止,共需耗氧 0.17～0.18 毫克。当水中溶解氧不足时,会引起胚胎发育迟缓、停滞、畸形甚至窒息死亡。在正常氧含量幅度内,溶解氧量越高,孵出的正常胚体越多。因此,在四大家鱼孵化生产中要求孵化用水的溶解氧量应大于 3～4 毫克/升,最好保持在 5～8 毫克/升。

3. 水质 水是受精卵发育的生活环境,水质好坏直接影响孵化效果。孵化用水要求为符合渔业水质标准的天然水,即溶解氧充足、清洁无毒、酸碱度适中、无污物。工业污水和含大量农药的水源不能使用。池塘肥水因浮游生物多,易缺氧,一般也不宜引用。水的酸碱度以中性或弱碱性为好,四大家鱼鱼卵适宜 pH 值为 7～8。偏酸(pH 值在 6.4 以下)或过于偏碱(pH 值在 9.4 以上)的水易使卵膜软化,提早破膜,损害卵子,严重时能引起大量死亡。

4. 敌害生物 水中敌害生物对鱼卵和刚孵出的鱼苗危害很大。水中的小杂鱼、小虾、蝌蚪等能直接吞食鱼卵和刚孵出的鱼苗；桡足类、枝角类，特别是剑水蚤能用它们的附肢刺破卵膜或咬伤鱼苗，进而吮吸鱼卵和鱼苗的营养，使破膜的胚胎和鱼苗很快死亡。所以，在孵化过程中要尽量控制这类敌害。孵化用水使用前，需用尼龙筛绢(通常为 60～70 目)严格过滤。

(三)孵化器的种类与构造

人工孵化使用的孵化器均是根据四大家鱼鱼卵的特性，为满足胚胎发育的必需条件而设计的，都具有良好的流水性能。在孵化中，不断提供一定流速(0.3 米/秒左右)和流量的水流，使鱼卵和鱼苗均匀悬浮于水中，这不仅符合四大家鱼鱼卵漂浮的特点，且通过流水不断交换水体，补充水的溶解氧量，保持水质清新，还能及时带走胚胎在代谢中所排出的二氧化碳等废物，从而提高鱼卵孵化率和鱼苗出苗率。

目前，生产中使用的孵化工具主要有孵化缸、孵化桶、孵化环道等，均要求配备一定高度的蓄水池或水塔供水，以保证一定的水压力。也可在水库附近，利用地势高程差，设计成自流供水。

1. 孵化缸 可用普通的水缸改装，要求内壁光滑。通常有平底形和漏斗形 2 种，均由进水管、缸体和缸罩 3 部分组成(图 3-10)。缸体容水量以 200～250 升为宜。放卵密度为每 100 升水放卵 10 万～15 万粒。

图 3-10　孵化缸与孵化桶

①平底孵化缸：装配简单，进水管用内径为2～2.5毫米的橡皮管，从缸口的上面放入，竖直固定在缸的中央，管口离缸底约5厘米，借水的反冲力使卵悬浮于水中。也可用毛竹制成喷水筒，筒下端设若干个向一边倾斜的喷水孔，使喷出的水与竹筒相切，在缸内形成水平环流。

②漏斗形孵化缸：选缸身较高、底较小的缸，在缸底部开洞，正中装一内径为2～2.5厘米的进水管(垂直部分的长度不少于10厘米)，缸底用水泥沙浆抹成漏斗状，使水从漏斗底部向上喷出，将鱼卵冲起。

滤水缸罩形似半截的圆锥体，一般用50～60目的筛绢或尼龙布制成，上、下边缘由竹圈撑圆。缸罩下口一定要与缸内径相等，安装在距缸口上缘15～20厘米处，以保证有一定的滤水面积。缸罩与缸内壁四周要紧密贴合，可内衬一薄层泡沫塑料，使之密接无隙，当缸内的水外溢时，可防止鱼卵和鱼苗随水一并流出。

2. 孵化桶 用白铁皮、塑料或钢筒水泥制成。呈漏斗状，下有铁或木制支架(图3-10)。其结构原理与漏斗形孵化缸相同。大小一般以容水量250升左右为宜，放卵密度为10万～20万粒。

孵化缸(桶)结构简单，造价低廉，轻便灵活，放卵密度大，孵化率高，适合于小规模生产鱼苗，但操作较麻烦。

3. 孵化环道 用砖石、水泥等材料建成。形状有圆形和椭圆形两类，其大小依生产规模而定，建筑在靠近产卵池、土质坚硬、有一定高程的地方。有单环、双环和三环3种结构，其中以圆形单环和双环孵化环道使用较为普遍。它们均由环道、进排水系统、过滤纱窗和集苗池组成(图3-11)。

(1)环道 为盛鱼卵和鱼苗的部分。圆形环道由不同半径的同心圆砖墙砌成的环形水槽(池)。单环直径为4～5米、深0.9～1.2米、宽0.8～0.9米，容水量为7～9立方米。双环直径为6米，其他规格与单环相同，水体容量为18～19立方米。三环直径

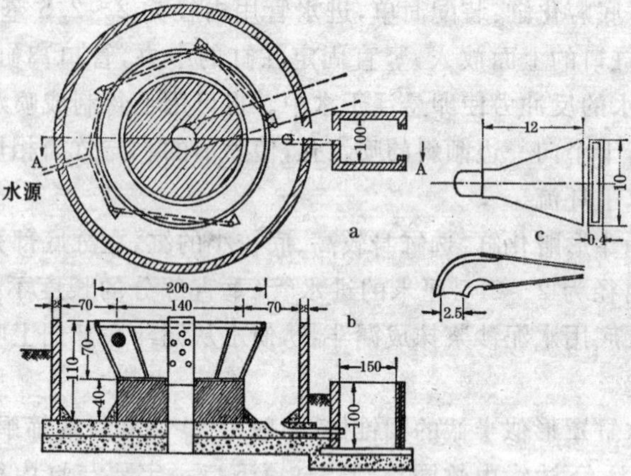

图 3-11　圆形孵化环道　（单位:厘米）

a. 平面图　b. A-A 切面图　c. 喷嘴

为 8 米,容水量 35～36 立方米。环道内壁光滑,底部两边高、中间低,呈弧形,可避免边角上沉积鱼卵,擦伤卵和鱼苗。靠近集苗池的环道底部最低处有 1 个出苗孔,与相对端的比降为 1%左右,便于出苗排水和洗刷环道。出苗孔用木塞或橡皮塞控制,下有出苗管连通集苗池。放卵密度一般为每立方米水体放 100 万～120 万粒,性能差的每立方米水体放卵 70 万～80 万粒。

(2)进排水系统　进水系统包括蓄水池或水塔、进水管和喷嘴 3 部分。蓄水池或水塔的最低位置应高于环道最高水位 1 米以上,内装有过滤设备(用 60～70 目筛绢或铜丝网布)。每环有一套直径为 10～15 厘米的进水管,埋于环道底下面。进水管上每隔 1.2～1.5 米接有直径为 3.8 毫米左右的喷水管,位于环道底部中线,末端伸出环道底部 5 厘米,上接用镀锌铁皮做成的鸭嘴形喷头,喷头向环道内壁同一切线方向喷水,形成环流。每环的进水管与蓄水池接通,由相同直径的阀门控制进水量。

排水管直径为15～20厘米，埋于池底。环道内多余的孵化水经过滤窗、溢水口流入墙壁中的暗沟和跌水孔进入排水管，排水管与每环的出苗口相连，并直通集苗池。

(3)过滤纱窗　每环砖墙厚24厘米，在内墙设有过滤纱窗，纱窗高为65厘米、宽30厘米。双环孵化环道外安有10～16个纱窗，内环安有8～10个纱窗，要求总有效过滤面积不少于1.8平方米。纱窗内侧墙壁上设有溢水口，距墙上缘1～1.5厘米，以平衡每环的孵化水位。孵化用水经纱窗过滤后排出，以防鱼卵流失和鱼苗逃逸。

(4)集苗池　一般池长1.2～1.5米，宽0.8～1米，深0.8米。池底部比环道底部低30～45厘米，排水口可用闸门控制，为排水和集苗的过水池。出苗时，在外洞口放置1只纱绢集苗网箱，以便排水留苗。

4. 孵化槽　用砖、水泥砌成，呈长方形，一般长3～3.5米，宽、高均为1.2～1.5米。内壁光滑，底部两侧略呈弧形，向出苗孔倾斜。槽底前后两端也呈弧形，特别是靠近出苗池的一端弧度更大。滤水纱窗1个，长度与孵化槽的宽度相适应，宽度为1米左右，斜置在进水一端的上部。在槽底安装进水管，上接有3～5个喷水嘴，出苗孔在槽底末端正中，经出苗管与收苗池相通。每立方米水体可放卵70万～80万粒，孵化效果较好。

(四)孵化管理技术

孵化管理是贯穿孵化全过程的一项时间长且较细致的工作，必须要有专人负责，做好如下几方面的工作。

1. 孵化设备的准备与进卵　孵化开始前应对所要使用的孵化设备及配套设施进行一次全面的检查与清整，并在进卵前安装好。做到孵化器干净，进排水系统完善，水流畅通，特别是过滤纱窗与孵化器连接处，一定要确保无缝隙、无破损，不会漏卵、逃苗。在正式使用前进行一次试验性操作，若一切正常即可放入新水后等待进卵。此外，还应准备好白瓷盘、温度计、捞卵网、软毛刷等工具。

进卵时，先要筛洗，清除混在鱼卵中的小鱼、虾等敌害生物以及杂草、污物。在拣除野草、野鱼时，操作应徐缓谨慎，避免损伤鱼卵。为正确掌握孵化器的放卵密度，进卵时要进行计数，通常用容量法计算。放卵密度要适当，不能单纯以水的体积来作为放卵密度的依据，应根据当时的水温高低、气候变化、鱼卵质量等因素来决定，做到既不浪费设备的利用率，又使鱼卵在最适条件下顺利发育。

2. 调节水流 在孵化过程中，应根据胚胎发育阶段与放卵密度调节水流。一般采取“中—快—慢”的方式，通常将流速控制在0.2～0.4米/秒。

进卵后到出膜前，流速中等。进完卵后，要调节一个稳定适中的流速。此阶段以能使全部鱼卵冲起，不沉底，均匀分布于水中，随水流上下慢慢翻滚即可。若绝大部分的鱼卵在纱窗表面滚动而过，说明流速已调节适当。如果放卵密度偏高，还可适当增大些水流，以确保水中有充足的溶解氧。

脱膜期间，略加大流量。因刚孵出的鱼苗体嫩弱，只能作抛物线式的移动，易下沉水底窒息，需加大流速才能将鱼苗冲起。同时，胚胎开始脱膜后，卵膜大量出现，溶解卵膜需消耗大量氧气，易使水质变坏，适当加大流量有利于及时将卵膜碎片和代谢废物排出。

鱼苗水平游动时，适当减少流速。鱼苗出膜2～3天后，水平流动能力加强，且喜顶水逆游，此时可将水流减慢，避免消耗鱼苗体力。

需要注意的是，在用孵化缸（桶）进行孵化时，进水是从下到上，这不同于环道的水平流动。因此，在调节水流时主要根据鱼卵在水中的起浮状态来掌握。一般只要能看到鱼卵或鱼苗在中心部位由下向上翻起，到水表面后向四周分散再下沉，即说明水流适当。如若表面看不到卵，或只看到卵达水体的中层而不再向上时，表明水的冲力不足。相反，在水的中央翻起波浪，鱼卵或鱼苗翻滚过急时，表明水的冲力过大。此外，若发现卵苗不是从中心位置翻起，而是由一边或一角翻起，说明水流不稳定，或孵化缸（桶）位置不正，应予以调节或纠正。

要特别注意的是：在孵化过程中，要绝对防止停水事故。一旦发生，要立即关闭出水口，并进行人工划水，防止鱼卵、鱼苗堆积。同时，立即抢修排除故障，迅速恢复水流。

3. 洗刷滤水纱窗 在孵化中，孵化器的滤水纱窗前常附着有大量水蚤和污物，窗上易贴卵、贴苗，特别是鱼苗大量出膜时，滤水纱窗易被卵膜堵塞，影响水流畅通，甚至使水位上涨而溢卵逃苗，因此要及时清洗滤水纱窗。可用软毛刷在纱窗背面轻轻洗刷，或用水冲洗纱窗背面，以免伤及鱼卵和鱼苗。同时，还应经常洗刷蓄水池或水塔的滤窗，以保持良好的滤水性能。

4. 清除卵膜 鱼苗孵出后，大量卵膜在流水内漂流或贴在纱窗上，阻碍水流通过，由于不能及时分解溶化，以致水霉菌大量寄生，故需尽快清除。其方法如下所述。

（1）*用网捞* 先在窗内侧划水使卵膜离开纱窗，然后用捞膜网将卵膜捞出。捞膜网是用尼龙丝线织成的小网片，网目 2～3 厘米，将网挂在环道中，使卵膜黏附其上，然后取出洗净后再下网，经数次下网，可基本将卵膜清除。此法操作时间长，易将鱼苗带出。

（2）*加速卵膜溶解* 在流水孵化下让卵膜自行溶解完毕一般需要 6～8 小时，采用蛋白酶溶膜法或停水脱膜法可大大缩短这个过程。

①蛋白酶溶膜法：当水温在 20℃～24℃时，每立方米水体加入 100～150 克蛋白酶，经 10 多分钟即可将卵膜全部溶解。

②停水脱膜法：当已有 5%左右的鱼卵脱膜时，关闭孵化器的水源，使水流暂停，鱼卵下沉。当水温在 22℃～26℃、每立方米水

体放卵100万粒时，一般停水15分钟就有95%左右的鱼苗破膜而出，且卵膜几乎全部自溶。停水时间必须适当，水中溶解氧应不低于1毫克/升，以防鱼苗窒息死亡。因此，停水后要结合搅拌，经常检查溶膜情况，及时开阀冲水。停水除膜法的原理是根据卵在孵化中，自体产生一种孵化酶，这种酶的分泌与活性除与温度有密切关系外（即水温越高，孵化酶分泌越多），还与水中溶解氧相关，即水中溶解氧量越低，分泌量越多，酶的活性越强。故短时停水后，造成低氧环境，促使孵化酶的分泌量增多，活性提高，溶解卵膜，使除膜时间缩短。

5. 防治卵膜早脱与病敌害

（1）卵膜早脱　指胚胎发育到尾芽期后，卵膜出现皱襞或塌瘪现象，在水流冲击下，胚胎提前出膜而导致畸形胎直至死亡。卵膜早脱的原因有以下几点：一是鱼卵质量差，卵膜薄而无弹性，受外力作用极易破裂；二是孵化用水不清洁，溶解氧低，循环使用孵化水，水质偏酸（pH值为6～6.4）；三是放卵密度过大，不同批的鱼卵在同一孵化器中套孵，早放的卵出膜早，分泌的孵化酶使晚放尚未发育好的胚体也随之脱膜。

防治方法：除针对上述原因采取相应措施外，当出现少量卵膜早破时，可用5～10毫克/升的高锰酸钾溶液浸泡。药液可用橡皮管从孵化器底部注入，借助水流使药液均匀散布于水中，在10分钟之内陆续将药量加完，能起到加固卵膜的作用。

（2）水霉菌　受精率低或质量较差的鱼卵、鱼苗，在孵化水温较低或水质不良时，易发生本病。寄生水霉的鱼卵像一个棉球，鱼苗体上的霉菌像黏附的棉絮（图3-12）。

防治方法：使用清洁的孵化水，创造良好的孵化条件；孵化器使用前用5毫克/升漂白粉溶液或150毫克/升石灰水洗刷消毒；在低温或病卵较多时，用1～3毫克/升漂白粉溶液泼洒。

（3）气泡病　在鱼卵周围或鱼苗的体内和体表聚集1个或数

图 3-12　寄生水霉菌的鱼卵和鱼苗

（引自《家鱼人工繁殖技术》）

个气泡，使鱼卵或鱼苗浮于水面不能下沉和自游，时间过长引起死亡。主要是由于水质过肥，浮游植物太多，水温高时光合作用强，水中溶解氧过饱和所致。通常用池塘肥水孵化易发生此病。

防治方法：用清新瘦水孵化，发病后及时加入新鲜河水，气泡可逐渐消失。

（4）敌害　小鱼、小虾、蝌蚪、水生昆虫、枝角类、桡足类等都能对鱼卵和鱼苗造成不同程度的危害，特别是剑水蚤，个体小，繁殖快，较难过滤。对此，生产中常选用下列方法清除。

第一，孵化用水严格过滤。进水口用 60～80 目的筛绢或铜丝网过滤，可有效阻止剑水蚤成体进入。孵化容器的滤水纱窗可用 50 目筛绢，使剑水蚤幼体能随水流出，减少在孵化器内聚集。

第二，药物消毒。当供水池或孵化器中剑水蚤较多时，可用 90%晶体敌百虫 0.1 毫克/升泼洒。

6. 出苗下塘与鱼苗过数

（1）鱼苗的发育　四大家鱼鱼苗刚孵出时全长 6 毫米左右，从鱼苗出膜到鱼苗下塘，大致可经过以下 3 个时期。

①垂直游泳期：鱼体透明，腹部具有相当大的梨形卵黄囊，依靠吸收自身的卵黄为营养，各器官尚未发育完全，侧卧水底（在流水中随水漂流），不能主动游泳，偶尔借尾部的急速摆动，冲到水面后，随即又慢慢下沉于水底。

②过渡期：口与胸鳍开始出现，鳔形成，但鳔内尚未充气，眼球

为黑褐色，卵黄囊已缩减成棒状，开始在水底进行短暂的水平移动，此期为向平游期过渡的时期。

③平游期：胸鳍伸向两边，鳔充气，眼球全变为黑色，口开启，卵黄囊基本消失，能在水的中上层自由游泳，并能顶水逆游。

(2)出苗下塘　依鱼苗的发育情况可确定出苗下塘时间。当鱼苗鳔已充气(腰点出齐)，游泳活泼，卵黄囊消耗完毕，能主动向外界取食时，即可出苗转入池塘培育。出苗所需时间主要取决于水温高低，一般为4～7天。出苗时应注意以下几点。

第一，操作要细心。此时鱼苗幼嫩，在集苗池中收苗时，要控制好苗口开关，水流不能太急，以免冲伤鱼苗；要勤舀，勿使集苗箱中的鱼苗过于密集；粘贴在网箱上的鱼苗，需用水流冲下后清洗干净。

第二，收好的鱼苗放在有微流水的捆箱中暂养。出苗前先在鱼池中将捆箱插好，放苗时集中放在网箱的一端，放齐后轻轻驱赶鱼苗移向另一端，然后将箱洗净。

第三，鱼苗暂养数小时后便可下塘饲养。一般是上午出苗，当天或翌日上午下塘。鱼苗下塘或外运前要投喂1次，将鸡蛋或鸭蛋煮熟，取蛋黄用筛绢或双层纱布包住，揉入少量水中制成蛋黄水，再将蛋黄水泼洒于箱内供鱼苗摄食。每10万～20万尾鱼苗喂熟蛋黄1个。

第四，鱼苗投喂后，在2～3小时后方可进行过数下塘。

(3)鱼苗过数　鱼苗下塘或外运前要过数，生产中常用的过数方法有干量法和分格法。

①干量法：将盛苗捆箱轻轻提起，使鱼苗集中于网箱一角(若鱼苗数量多可分几次)，待水基本滤出只剩少量时，快速用酒杯均匀量出该批鱼苗的总杯数，从中抽取一杯，逐尾计数，然后以此杯鱼苗作为基数，即可推算出这批鱼苗的总尾数。

②分格法：又称开间法。先将鱼苗密集于网箱一端，用小竹竿

将网箱隔成若干小格。将鱼苗搅匀，用鱼盘舀鱼苗分放在各格中，即分成若干等份。然后抽取其中具代表性的一格(份)，按上述操作，再分成若干等份。照此连续几次，直到一份样品中的鱼苗数量较少，便于计数为止。最后取一小份逐尾计数。根据分格的次数，推算出鱼苗的总数。

上述两种方法的关键在于取样要标准，操作时要力求将鱼苗分得均匀。干量法过数快，但鱼苗易受伤。分格法较安全，但操作不便，速度慢。

7. 受精率和出苗率的统计 在孵化中要检查鱼卵和鱼苗的发育情况，并统计受精率和出苗率。

(1)受精率的统计 受精率是指胚胎发育正常的受精卵数占参与受精总卵数的百分比。统计受精率的取样时间，以受精卵发育至高囊胚期时取样为准。在水温 22℃～28℃时，以受(授)精后 2～3.5 小时取样为宜。

解剖镜下观察，正常的受精卵胚盘隆起后动物极分裂正常，分裂沟整齐，分裂球大小一致，排列规格，发育正常。而成熟的未受精卵经水激动后虽能进行短暂发育，但很难发育到高囊胚期。未受精卵胚盘隆起后(比正常受精卵慢 4～8 分钟)，分裂不规则，分裂球数目不等，大小不一，排列不整齐，发育不正常，有高囊胚外形却无真正的囊胚结构，形成假高囊胚。假高囊胚隆起后，卵球开始变为灰白浑浊，到原肠期时，陆续崩溃的鱼卵发白，有的成为空心卵，用肉眼已能分辨出这些坏卵。

计算时，从孵化器中随机取卵 100～200 粒，放入培养皿中，借助各类放大镜进行观察，按上述特征正确鉴别受精与否。重复取样 2 次，求其平均值，统计受精卵数占取样卵数的百分比。计算公式如下。

$$受精率=\frac{受精卵数}{取样总卵数}\times 100\%$$

生产上为方便起见，统计受精率常在胚胎发育至原肠中期（水温 20℃～25℃时，一般约 8 小时）取样，用肉眼进行分辨，但计算结果比真实的受精率偏低。

受精率的统计可衡量催产技术的高低，并可初步估算出鱼苗的生产量，有利于安排生产计划。

（2）出苗率的统计　由于孵化阶段包括胚胎期和胚胎后期，即鱼苗下塘前的整个过程。因此，在生产上，考核孵化率没有实用意义，而是以出苗率（或称下塘率）作为孵化的考核指标。现在生产中常说的孵化率，实际上就是出苗率。即当鱼苗鳔内充气，能主动开口摄食、游泳，转入池塘饲养时统计的鱼苗数。出苗率为出苗总数占受精卵总数的百分比。计算公式如下。

$$出苗率=\frac{出苗数}{受精卵数}\times 100\%=\frac{出苗数}{总卵数\times 受精率}\times 100\%$$

出苗率不仅能反映生产单位孵化管理工作的优劣，而且也能反映整个人工繁殖技术水平的高低。

8. 做好孵化记录　总结四大家鱼人工繁殖孵化管理工作，从中找出成功的经验和失败的教训，可为今后的孵化工作提供参考数据。因此，在整个孵化过程中，必须认真做好孵化记录。记录内容包括：孵化鱼卵的种类、孵化器名称和编号、放卵数量、进卵时间、天气与水温（至少应测出 1 天中清晨时的最低温度与下午的最高温度）、胚胎发育情况与受精率、出膜时间、出苗时间、出苗数、出苗率、病害防治情况等。

思考题

1. 选择四大家鱼亲鱼的标准有哪些？

2. 怎样从外观鉴别四大家鱼亲鱼的性别？

3. 如何抓好鲢、鳙亲鱼各阶段的培育？

4. 试述鱼类脑垂体、绒毛膜促性腺激素、促黄体素释放激素类似物这3种常用催产药物的性能与催产效果。

5. 如何确定催产期和决定催产剂的用量？

6. 怎样选择成熟的亲鱼进行催产？

7. 什么是效应时间？影响效应时间长短的主要因素有哪些？

8. 哪些因素会导致卵膜早脱？应如何防治？

9. 根据鱼卵胚胎发育的生理、生态特性，怎样才能提高孵化的出苗率？

10. 四大家鱼各种孵化工具的合理放卵密度是多少？在孵化过程中应怎样调节水的流速？

第四章　产半浮性卵鱼类的人工繁殖

我国淡水养殖中，产半浮性卵的鱼类除作为主要养殖对象的四大家鱼外，还有鳜、鮰、短盖巨脂鲤、鲮等主养鱼类。本章重点介绍这几种名优水产品种的人工繁殖技术。

一、鳜的人工繁殖

鳜又名翘嘴鳜，其肉质洁白细嫩、味鲜美、蛋白质含量高，为宴席上的佳肴，是驰名中外的淡水名贵食用鱼类之一。目前在市场上十分畅销，出口换汇率很高，为我国主要的名特养殖鱼类。

（一）繁殖习性

鳜性成熟较早，在我国南方一般雌性为 2 龄，雄性为 1 龄。成熟鱼最小型雌体长 21 厘米，体重 160 克；雄体长 15 厘米，体重 80 克。个体绝对怀卵量一般为 4 万～21 万粒。为分批产卵鱼类，首次产卵量为怀卵量的 50%～70%。

成熟鳜卵巢以Ⅲ期越冬，生殖季节在长江流域一般是每年 5 月中旬至 7 月份，以 6 月份为产卵盛期。产卵通常在夜间进行，在江河、湖泊、水库均能自然繁殖。汛期发水时，鳜集群溯水游向水流平缓的浅滩或浅水处的水草中产卵。产卵水温在 21℃以上，产出的卵为半浮性，能随水流漂浮而完成孵化。

（二）亲鱼的培育

1. 亲鱼的选择与雌、雄鉴别　可在冬季或繁殖季节前 2～3 个月，从天然水域中捕捞已达性成熟的野生鳜，放入池塘进行强化培育；也可从池塘养殖的成鱼中挑选，用专池进行长年培育。池塘养殖的鳜性腺发育整齐，一般催产效果较好。亲鱼宜选2龄以上、健壮活泼、无病伤的个体，雌鱼体重0.8千克以上，雄鱼体重0.5千克以上。

鳜雌、雄鉴别较容易。雄鱼下颌长而尖，前端呈三角形，超过上颌很多；生殖孔和泄尿孔合为1个泄殖孔，开口于白色呈圆柱状的生殖突起的顶端，位于肛门之后。雌鱼下颌短而钝，前端呈圆弧形，略超过上颌；在生殖突起上有2个开口，即生殖孔和泄尿孔分开，生殖孔呈"一"字形，位于肛门与泄尿孔之间，由前向后依次排列为肛门、生殖孔、泄尿孔。泄尿孔开口于生殖突起的顶端。在生殖季节，轻压鱼腹部，雌鱼能挤出卵粒，雄鱼能挤出白色精液。

2. 培育池与亲鱼放养　鳜亲鱼宜采用专池培育。培育池要临近水源，进排水方便，面积一般为1 334～3 335平方米，水深1.5～2米，池底淤泥要少。一般每667平方米水面放亲鱼100～150尾。雌、雄鱼可混养，但在生殖前2个月要分池饲养。雌、雄比例为1∶1～1.5。

3. 投喂与管理　鳜为典型的凶猛肉食性鱼类，终生主要以活鱼、虾为食。在培育中主要投喂适口、鲜活、品种较多的饵料鱼。适宜的饵料鱼规格为鳜体长的30%～60%。日投喂量为鳜鱼体重的5%～10%，以吃饱而略有剩余为准，或将几天的活饵料一次投足。在繁殖季节，应多投麦穗鱼、鰕虎鱼、罗非鱼等活的小杂鱼。必须保证有充足的饵料，以满足其性腺发育成熟的需要。

在培育中还应抓好溶解氧与流水刺激的管理，要经常加注新水，保持水质清新，溶解氧充足。开春后每2～3天冲水1次，繁殖前10～15天每天冲水1次，以促进亲鱼性腺发育。

亲鱼培养也可采用封闭式网箱设在大水体中进行。有条件的地方，还可用温泉水、搭盖塑料大棚保温等办法来培育，使之在5月上中旬性腺达到成熟，与四大家鱼的人工繁殖工作相配套，使鳜鱼苗孵出后有大量适口的活饵料。

(三)人工催产

1. 亲鱼成熟度鉴别与配组 催产宜在5月中下旬至6月中旬水温达19℃以上时进行,最适水温为25℃～28℃。成熟好的雌鱼腹部膨大,特别是生殖孔附近饱满,腹部中心有1条纵向凹陷沟,两边卵巢轮廓明显,松软而有弹性,生殖孔红肿。挖卵观察:卵粒饱满有弹性,光泽强,易分散,大小整齐。大卵(直径1.1～1.2毫米)占大部分,呈黄绿色或黄色,大部分核偏位。雄鱼只要能挤出呈点状的乳白色精液,遇水均匀散开即可。

采用自然产卵受精时,一般雌、雄比以1∶1.5较好,如雄鱼较少,也不应低于1∶1。采用人工授精,雄鱼可少于雌鱼,雌、雄比例以3∶1较合适。同一批催产的雌、雄亲鱼,其个体重量应大致相同,以保证繁殖工作的协调,有助于提高受精率。

2. 注射催产剂 催产激素混合使用效果较好,也可单一使用。每千克雌鱼注射剂量为:鲤脑垂体10～20毫克,或绒毛膜促性腺激素3 000～3 500单位,或鱼类脑垂体6～10毫克配合促黄体素释放激素类似物150～300微克,或鱼类脑垂体3～6毫克配合绒毛膜促性腺激素1 000～1 500单位,或促黄体素释放激素类似物50～100微克配合绒毛膜促性腺激素1 000～2 000单位。注射液量每尾雌亲鱼以2～3毫升为度,雄鱼剂量减半。一般在胸鳍基部进行1次注射,也可采用2次或3次注射法。两针注射间隔为5～8小时,第一针注射总剂量的10%～20%。在催产早期,亲鱼成熟度不好时,可用3次注射法,提前7～10天注射第一针(为总剂量的2%～5%),其催产剂必须是鱼类脑垂体或促黄体素释放激素类似物,起催熟作用。注射时间,自然产卵一般控制在半夜至凌晨产卵;人工授精效应时间宜控制在早晨至上午,以利于工作进行。

由于鳜的鳍条锐利且尖硬,捉鱼时要用拇指和食指捏住鳜的吻端下颌骨处，将鱼提起，再用纱布或毛巾把鱼包住，留出注射部位，这样既不伤鱼，又不伤人。

效应时间比四大家鱼长6～12小时。水温在26℃～28℃时，1次注射效应时间为22～26小时，2次注射为12～15小时。

3. 自然产卵与鱼卵收集 把经注射配好组的亲鱼放入产卵池，注入微流水，待发情前2～3小时，将流速加大。亲鱼发情时上浮水面追逐，达高潮时完成第一次产卵，随后亲鱼下沉，不久又再次产卵，产卵共持续3～6小时。

亲鱼自行产卵持续一段时间后应及时收集鱼卵，将卵放入孵化器。孵化前应进行鱼卵计数。鳜鱼卵在未吸水前卵径为1.1～1.2毫米，每毫升约587粒；吸水膨胀后卵径为2～2.4毫米，每毫升约134粒。

4. 人工授精 将催产后亲鱼放入网箱内冲水，待亲鱼达效应时间起捕检查，有成熟卵流出时，进行采卵(精)、人工授精。授精操作方法与四大家鱼相同。挤卵时若发现雌鱼生殖孔有卵巢凸出堵塞，可用挖卵器或刺破后再挤，亦可获得带淡青黄色、透明的成熟卵子。

由于自然产卵的受精率很低，目前多采用人工授精，或将自然产卵与人工授精结合进行。自然产卵完成后，将亲鱼捕起，对未产卵或未产尽卵的亲鱼进行人工授精。

(四)人工孵化

1. 孵化方法 鳜鱼卵的相对密度略大于水，在静水中沉入水底，需采用流水孵化。大规模生产可在孵化环道中孵化，小批量生产用孵化缸(桶)孵化效果较好。由于鳜胚胎和鱼苗各发育阶段的耗氧量比鲢高得多，故孵化密度应较稀，一般环道为每立方米水体放卵50万粒，孵化桶每100升水放卵5万～7万粒。

2. 孵化条件与管理 孵化用水要求水质清新，溶解氧充足，无泥沙，无敌害生物，需用筛绢过滤并严格消毒。孵化流速、流量要求比四大家鱼大，孵化中视情况调节水流，控制流速。一般环道内水流速控制在20厘米/秒，使卵在水中均匀分布并缓慢翻滚。刚孵出的鱼苗，浮力减少，易下沉窒息，此时应略加大水流；鱼苗平游时，可适当减慢水流，以降低鱼苗体能消耗。孵化水温范围为20℃～32℃，适温为26℃±3℃。

在整个孵化过程中要保持水流通畅，经常洗刷滤水纱窗网孔，搅动水体，胚胎破膜时要及时捞出卵膜。胚胎发育至尾芽期后，质量差的卵会出现卵膜早破现象，此时每立方米水体用5～10克高锰酸钾，可防止卵膜早破。在水温低于20℃、水质不良时，质量较差的鱼卵、鱼苗易患水霉病，应注意防治。

鳜受精卵（内具较大油球）发育的速度比四大家鱼慢，在水温为20℃～21℃时，需经67～69小时孵出；水温在21℃～23℃时需46～58小时；水温为23℃～26℃时需34～39小时；水温为27℃～30℃时只需31～33小时。刚孵出的鱼苗全长3.8～4.2毫米，体嫩弱、略透明、卵黄囊较大，随水流上下翻滚。出膜后在水温为21℃～29℃时，3天后卵黄囊逐渐消失，鱼苗转为水平游动，开始主动捕捉外界食物，此时可转入鱼苗池培育。

二、鲥的人工繁殖

鲥为我国特有的名贵鱼类，营养丰富，肉质细嫩鲜美，脂肪含量高，历来被奉为席上珍品，畅销国内外市场。

（一）繁殖习性

1. 性成熟年龄与产卵条件 鲥为暖水性洄游鱼类，大部分时间分散栖息于近海中上层，每年春末夏初，性成熟的亲鱼集群进行生殖洄游，由海入江河产卵。入江的生殖群体为3～6龄。成熟最小型雌鱼体长 43.2 厘米，体重 1.1 千克；雄鱼体长 31 厘米，体重 0.6 千克。绝对怀卵量一般为 150 万～250 万粒，最多可达 389 万粒。长江水系鲥的繁殖期为 5 月下旬至 7 月份。产卵场主要分布于赣江中游急流多石的沙质江段。产卵水温为 24.2℃～33.5℃，最适水温为 27℃～30℃。江水上涨、流量加大、流速达 1 米/秒左右时，可刺激产卵。洪峰后 2～3 天为产卵高峰。产卵活动常在晴天傍晚前进行。成熟卵为橘黄色，卵径 0.7～0.85 毫米，为半漂浮性卵。在水温为 28℃～29℃时，约经 15 小时 25 分钟孵出鱼苗。

2. 性腺发育周年变化　池养鲥大多数在 4～5 龄时性腺发育成熟。属 1 年 1 次产卵鱼类。8～10 月份产过卵的鲥，卵巢由第Ⅵ期退化至第Ⅱ期。翌年 3 月中旬出越冬池后，体内开始积累脂肪，新生的卵母细胞开始沉积卵黄，4 月份卵巢处于第Ⅱ期至第Ⅲ期。5 月份进入第Ⅳ期初期，7 月中旬大部分发育至第Ⅳ期末期。精巢的发育节律在秋、冬、春季与卵巢基本一致，5 月下旬达第Ⅳ期末期甚至第Ⅴ期，6 月份全部达第Ⅴ期(成熟系数 1.7%)。

池养鲥性腺发育有如下特点：因池塘的封闭性与其他生态条件不满足，卵母细胞不能自发达到成熟；体内脂肪积累与卵巢发育基本上同步进行，卵巢最终发育成熟比天然鲥晚半个月至 1 个月。在性腺发育期间，亲鱼一直在摄食，部分能量物质作为体脂贮存，性腺发育所需营养部分直接由外源食物转换；精巢与卵巢的发育在繁殖前存在更加明显的不同步现象，两者成熟时间相差近 2 个月。

(二)亲鱼的培育

1. 培育池与放养密度　亲鱼培育池为面积 667 平方米的土池；越冬池为面积 140 平方米左右的水泥池，覆盖塑料薄膜保温。水深均为 1.2～1.5 米。水源为河口咸淡水，池水盐度 0.05%～1.5%。清池消毒后，放入驯化养成的 4～6 龄亲鱼(雄亲鱼体重

580 克以上，雌亲鱼体重 900 克以上)，每 667 平方米放养 18～20 尾；越冬时为 0.1～0.14 尾/平方米。

2. 饲养管理 鲥终生以浮游生物为食，主要摄食枝角类、桡足类、轮虫、无节幼体、小虾、微囊藻和硅藻等，也喜食人工配合饲料。饲养时尽可能模拟鲥自然繁殖生态条件，重点搞好春季强化培育与越冬管理。春季要加强营养与流水刺激，逐步降低盐度。在 4～7 月份，每天投喂占鱼体重 5%的杂鱼鱼糜和成鳗饲料，早期添加适量促进脂肪积累的物质和维生素。4 月份开始定期注水(边排边注)，每天 4～6 小时，流量每小时 36 立方米，换水量为池水的 1/5～1/4，使池塘 1/3 时间保持流水，逐渐将盐度降至最低(0.05%)。11 月份将亲鱼转入越冬池，水温控制在 15℃以上，每天注水 3～5 小时，溶解氧保持在 3 毫克/升以上，盐度控制在 1%以上，投喂占鱼体重 2%的成鳗配合饲料。

饲养中要克服鲥的“紧张综合征”。因鲥性情娇躁，活动性强，游速很快，在操作、运输、离水状态下，紧张反应强烈(剧烈游动、撞壁、脱鳞、充血)，易死亡。缺氧是导致“紧张综合征”的主要原因，通过驯化和调节营养方式，改变机体代谢水平与池中氧气含量可以克服，使运输成活率、越冬成活率和亲鱼驯养成活率均达到 90%以上。

3. 性腺催熟 在池养条件下，由于外界主要生态条件(营养、水流、盐度、温度等)的变化和春季体脂含量低下(脂肪积累主要在 4 月份)，制约了鲥体内性类固醇激素(睾酮)的合成与分泌；加之鲥为克服紧张反应自身的调节过程，均引起生殖内分泌失调，而导致卵巢不育。采用埋植“鲥Ⅰ号”(含睾酮，为长效软颗粒激素)加注射“鲥Ⅱ号”模式，能有效刺激早春脂肪积累(使肠系膜脂肪系数达 2%，因低于 1.5%时性腺发育受抑制)以及血清中 17β-雌二醇的合成与分泌，启动性腺发育成熟。具体做法为：越冬出池后，即繁殖前 4 个月，在卵巢(第Ⅱ期)发育启动前和启动初期，采用埋植

“鲥Ⅰ号”的慢性处理方式，促进机体脂肪积累和脑垂体促性腺激素的合成与积累，启动卵巢发育。后期，采用注射“鲥Ⅱ号”慢急性处理方式，促进促性腺激素的维持与释放，诱导卵巢发育最终达到生理成熟（成熟系数为 12.6%～13.8%），催熟率可达 85%～100%。对于雄鱼，一般 4 龄鱼，经 6～8 次常规催熟处理，部分精巢可发育至第Ⅴ期，5 龄鱼经 3 次“鲥Ⅰ号”处理，可全部成熟。

在激素诱导下，雌、雄亲鱼性腺成熟的有效积温（越冬后，水温在 20℃以上，正常摄食生长的积温累加）分别为 4 000℃和 2 270℃以上。

（三）人工催产

采用促黄体素释放激素类似物配合绒毛膜促性腺激素能诱导池养鲥卵母细胞最终成熟至排卵。在催产药物中添加儿茶酚胺抑制剂和可的松（鱼类紧张激素）对抗剂，能抑制下丘脑中促性腺激素释放抑制因子和紧张反应对促性腺激素和性类固醇激素的抑制作用，克服池养鲥排卵机制障碍，催产率达 100%。催产可在 7 月中旬至 8 月中旬进行，催产后将亲鱼放入网箱中，采取 2 次注射法，水温在 30℃～31℃时，效应时间 30 小时左右。

（四）人工授精与孵化

从催产后的鲥中，挑选成熟好的亲鱼，为保存亲本，将鱼置于亲鱼袋水中，进行人工采卵、湿法授精。操作要轻快，鱼不能离水。也可将精液用 0.5%氯化钠溶液稀释后采用半人工授精。因池养鲥精子在 0.5%氯化钠溶液中快速运动时间（74 秒）与寿命（247 秒）最长。

将受精卵放入孵化环道或其他孵化器内进行流水孵化。放卵密度一般为 43～130 粒/升，孵化用水要求溶解氧保持在 4 毫克/升以上，流速约 30 厘米/秒。在水温为 27℃～33℃时，经 13～17

小时出膜。

刚孵出的鱼苗全长2.7～2.85毫米，在第四至第六天易大量死亡，需留在孵化环道的流水中暂养。鱼苗出膜后第三天开始摄食，可从塘中捞取浮游生物，用50目筛绢过滤后投喂，待渡过难关后转入鱼苗池培育。

三、短盖巨脂鲤的人工繁殖

短盖巨脂鲤又称淡水白鲳，为热带、亚热带食用和观赏兼备的大型经济鱼类。原产于南美洲亚马孙河流域，具有食性广、生长快、抗病力强、易捕捞等优点。1985年首次引入我国广东省进行池塘养殖，每667平方米产量高达1 000～2 400千克，现已在全国范围内推广养殖。

（一）繁殖习性

短盖巨脂鲤在我国南方饲养条件下，性成熟年龄为3龄，在北方需4龄达性成熟。生殖季节在南方为5～9月份，5月份为盛产期；在北方产卵期为7～8月份。产卵最适水温为25℃～28℃。初次产卵雌鱼，每千克体重产卵8万～10万粒；重复产卵鱼，每千克体重产卵10万～15万粒。如果培育得好，1年可产卵2～3次，即产后亲鱼经35～40天强化培育，可再次产卵。成熟卵直径为1.06～1.11毫米，光滑饱满，呈微黄色或黄褐色，为半浮性卵，在静水中下沉。受精卵在水温为27℃～30℃时，22小时左右可出膜。

（二）亲鱼的培育

1. 亲鱼选择与雌、雄鉴别 亲鱼主要来源于池塘养殖的成鱼，从中挑选个体大、生长快、体表光滑、体质健壮的3龄以上的雌性

(体重 2～5 千克)、雄性(体重 2～3 千克)为宜。

短盖巨脂鲤没有明显的第二性征,在非生殖季节不易从外观区分雌、雄。在繁殖季节,雌鱼腹部膨大,卵巢轮廓隐约可见,泄殖孔微红稍突出;雄鱼体侧前胸至腹部呈现红色,较雌鱼深而鲜艳,泄殖孔封闭,挤压腹部有精液流出。

2. 培育池与亲鱼放养　短盖巨脂鲤耐寒能力较差,在北方养殖时需进行越冬保种和培育。越冬池面积以 667～2 000 平方米为宜,可选择能保温的土池,水深 2～2.5 米,溶解氧量不低于 2 毫克/升。每 667 平方米放亲鱼 150～200 尾。如采用温室越冬,面积 30～50 平方米、水深 1.5 米,放养密度为 2～3 千克/平方米。开春后亲鱼由越冬池转入室外培育池。

室外培育池面积 2 000～2 668 平方米,水深 1.5 米左右,池底淤泥不超过 20 厘米。单养短盖巨脂鲤,每 667 平方米可放养体重 3～5 千克的个体 30～50 尾,总重量为 100～150 千克,最高为 200 千克,同时搭配少量鳙、草鱼鱼种。如亲鱼数量不多,可将亲鱼混养在四大家鱼的亲鱼池中,但不利于强化培育,放养的雌、雄比例为 1∶1～1.5。

3. 投喂与管理　短盖巨脂鲤为杂食性鱼类。亲鱼培育可采取精饲料与青草相结合投喂,辅以适当施放粪肥、定期冲水的培育原则。产后以精饲料、青饲料为主,少施粪肥;秋季和春季适当施粪肥,保持水体有一定的肥度,并投喂精饲料;亲鱼越冬期间可投喂含蛋白质 30%左右的人工颗粒饲料,日投喂量为鱼体重的 2%～3%,每隔 2～3 天投喂麦芽和青菜各 1 次,每次投喂量为鱼体重的 1%。温室越冬水温可控制在 20℃～26℃范围内。

产卵前 1～2 个月,应对亲鱼进行强化培育,增加高蛋白质饲料,以加速性腺成熟。强化培育以投喂颗粒饲料为主,粗蛋白质含量一般为 25%～33%。其参考配方为:①鱼粉 10%、大豆饼 25%、菜籽饼或芝麻饼 25%、米糠 10%、麸皮 10%、混合饲料(猪用,含13%的粗蛋白质)18%、磷酸氢钙为主体的混合盐2%,另添加下脚面粉5%。②鱼粉20%、三等粉33%、花生麸20%、豆饼15%、玉米粉10%、生长素2%,加少量维生素混合物。也可参考鲤的饲料配方,适当选取当地的原料进行配制。日投喂2次,投喂量为鱼体重的3%~5%,高温季节为5%~7%,并适当投喂些青饲料(如青菜叶、瓜皮、旱草等)。要定期冲水,前期一般5~7天冲水1次,后期1~2天冲水1次,每次冲水2~3小时,以促进亲鱼性腺进一步发育成熟。

(三)人工催产

1. 催产亲鱼选择与配组 短盖巨脂鲤在南方催产多集中在5月份至6月初,催产适宜水温为20℃~30℃。如1年要多次催产繁殖,水温最好不要超过32℃。选择体表光滑、腹部卵巢轮廓明显且泄殖孔微红的雌鱼催产。一般不要求腹部松软,因短盖巨脂鲤的腹部肋间骨粗大,腹部总是硬的。挖卵观察,卵粒要大小均匀,半数以上卵核偏位。雄鱼只要有部分能挤出少量精液即可,因初次繁殖的雄鱼只有10%~20%的个体能挤出少量乳白色精液。

采用自然产卵受精时,雌、雄比最好为1∶1.5;采用人工授精时,雌、雄比一般为1∶1。配组时应注意同批催产的雌鱼,个体不要差距过大。一般产卵池面积为40~50平方米,每次可催产亲鱼20组。

2. 注射催产剂 采用激素单一或混合注射均可,但以混合使用效果最佳。采用1次注射法,雌鱼每千克体重使用促黄体素释放激素类似物20~50微克、多巴胺拮抗物5~10毫克,或鱼类脑垂体0.1~1毫克、促黄体素释放激素类似物10微克、多巴胺排除剂4~5毫克;雄鱼剂量减半。若用2次注射法,每千克体重雌鱼剂量为:第一针绒毛膜促性腺激素500单位,或促黄体素释放激素类似物15微克、多巴胺拮抗物4毫克;第二针绒毛膜促性腺激素

2 000 单位加促黄体素释放激素类似物 25 微克。两针间隔一般为 6～12 小时。

3. 自然产卵与人工授精 亲鱼注射激素后放入产卵池中，给予冲水刺激，在水温为 26℃～30℃时，效应时间为 7～9 小时；水温为 22℃～24℃时，效应时间为 13 小时左右。雌、雄鱼发情明显，追逐激烈，并发出“咯、咯”的求偶声。待亲鱼产卵后，收集鱼卵进行孵化，也可择时进行人工授精。

(四)人工孵化

短盖巨脂鲤的受精卵为半浮性，在流水中呈半浮状态，可采用四大家鱼的人工孵化器进行孵化。孵化环道的放卵密度为 70 万～80 万粒/立方米，孵化缸每 100 升水放卵 10 万粒。水流速度要比孵化四大家鱼卵时适当加快些，使卵不致下沉，且能均匀翻动。

受精卵孵化的适宜水温为 25℃～30℃。水温高于 31℃会使胚胎死亡，故在夏季高温天气繁殖时，应用井水将孵化水温调至 30℃以下。进水要严格过滤，以防剑水蚤进入孵化器内侵害鱼卵和鱼苗。水温在 28℃左右时，约 22 小时出膜。刚孵出的鱼苗全长约 3.6 毫米，鱼苗出膜后 4～5 天已能平游，此时可下塘进行培育。

四、鲮的人工繁殖

鲮鱼自然分布于我国南方，是广东、广西和海南等地区的重要养殖鱼类，列于四大家鱼之后。鲮食性广，食物链短，病害较少，生活在水底层，与四大家鱼混养能有效提高池塘鱼产量。

(一)繁殖习性

鲮为亚热带鱼类。雌性一般3龄性成熟,体重500~900克;雄性2龄性成熟,体重300~500克。池养鲮生长得快些。平均体重850克的池养鲮,平均绝对怀卵量为20.4万粒,平均相对怀卵量为240粒/克体重。一般每尾正常产卵约10万粒。鲮的产卵期比四大家鱼稍晚,一般开始于4月下旬至5月份,产卵期可延至8~9月份。天然产卵场主要分布在珠江水系的中上游江段,产卵水温为22℃~29℃,最适水温为26℃~28℃,其他产卵条件与四大家鱼相似。鲮为产半浮性卵的鱼类,卵径1.5毫米,吸水膨胀后为3.3毫米,胚胎期比四大家鱼短4~5小时。

(二)亲鱼的培育

1. 亲鱼选择与雌、雄鉴别 从池塘、湖泊和水库中挑选体重在500克以上,肥满、健壮、无病伤的3龄鱼作为亲鱼。收集亲鱼最好在秋季进行,以便经冬、春两季培育,到夏季时,亲鱼性腺发育成熟可催产。

发育成熟的雄鱼,在胸鳍鳍条背缘上有圆形白色角质状突起,即珠星,用手触摸有粗糙感,轻压鱼的后腹部有精液流出。生殖期过后,珠星消失。雌鱼鳍条较光滑,腹部较大,生殖孔有时微红、稍突出。

2. 培育池与亲鱼放养 培育池要求水质良好,排灌方便,阳光充足,池不漏水。一般面积为1 300~3 300平方米,水深1~2米。池底平坦,沙壤土底质。在亲鱼放养前,进行池塘清整,挖出池底过多的淤泥,堵塞漏洞,加固塘堤,然后用生石灰清塘消毒。几天后注水,并施放基肥,一般每667平方米施人粪尿150~250千克,绿肥200~300千克。

鲮亲鱼一般与四大家鱼混养。以鲮为主,每667平方米放鲮亲鱼(规格 0.8～1.4 千克)120～140 尾,雌、雄亲鱼混养,另配养鲢成鱼 4～6 尾,草鱼成鱼 20～30 尾,总重量为 120～150 千克。也可将鲮亲鱼培养在以鳙亲鱼为主的池塘中。

3. 饲养管理 亲鱼放养后,必须做好施肥投喂和调节水质的工作。鲮以舐刮附着藻类等植物性食物为主,兼食有机碎屑和腐殖质,也食少量浮游甲壳类。在池塘养殖状态上表现为杂食性,如食人畜粪便、豆饼、米糠、麦麸、蚕蛹和各种残饵。一般可通过施肥培育浮游生物供亲鱼摄食,但施肥量不宜过多,以免水质过肥引起亲鱼缺氧浮头。具体培育方法是:在产后 1 个月左右,给予较好的营养,精心护理。除适当施肥外,要投喂精饲料如麦麸、花生饼、米糠等。在 8～11 月份,施放人畜粪和绿肥,以少量多次为原则,并每天按 100 千克鱼投喂精饲料 5～8 千克。在越冬前,要多投精饲料,使亲鱼充分积累脂肪。在越冬期间(12 月份至翌年 1 月份),应在池塘角适当堆放猪粪、牛粪。如天气晴朗,水温在 15℃以上时,可适当投喂精饲料。由于鲮耐寒力弱,低于 7℃即死,要注意在池塘东北方搭盖草棚避寒。

2 月份后,水温逐渐回升,亲鱼摄食增强,应经常施追肥,一般每 667 平方米每隔 10 天左右施腐熟的禽畜粪 50～80 千克,到 4 月份时精饲料应减少,防止亲鱼过肥。

开春后每月冲水 1 次,临产前 1 个月每 5～7 天应冲水 1 次,以调节水质,刺激亲鱼性腺发育。在催产前几天,向池中心注些新水,促使性腺较快地向成熟阶段过渡。

(三)人工催产

1. 催产亲鱼与配组 4 月下旬至 7 月上旬是池养鲮的繁殖季节,其中以 5 月初至 6 月中旬人工催产效果最好。催产亲鱼以腹部膨大,前、中、后腹均柔软(尤以下腹部柔软),生殖孔微红而突出者为最佳。腹部两侧卵巢轮廓略有外突,前、中、后部大小近似一致。如雌鱼腹部不柔软（或前、中腹柔软），肛门附近较硬，表示亲鱼尚未成熟。

自然产卵受精，每次可同时催产雌鱼 20 尾以上，雌、雄比为 1∶1 或 1∶1.5，雄鱼应略多于雌鱼；如采用人工授精，雄鱼可略少于雌鱼。

2. 注射催产剂 雌鱼每千克体重注射鲤脑垂体 2.5～5 毫克，或鲢、鳙、草鱼脑垂体 7 个；混合注射为促黄体素释放激素类似物 8～13 微克，配合鱼类脑垂体 0.25～0.5 毫克。一般采用 2 次注射法：第一针注射全剂量的 15%，3～5 小时后（成熟稍差的可适当延长注射间隔）注射余量。雄鱼剂量为雌鱼的一半。效应时间较四大家鱼为快，4～7 小时可发情产卵。

3. 产卵 亲鱼注射后可放入产卵池或孵化环道中。一般引灌河水或水库水，要求水质清新，溶解氧量高，并有一定的水流。亲鱼产卵时会发出低沉的“咕、咕”声，并从水里冒出小气泡。使用流水自然产卵，可随时收集受精卵。鲮的产卵量一般为每千克体重产卵 5 万粒左右。

有些生产单位，还采用“诱导产卵法”，即在一批成熟的鲮中，只给其中部分亲鱼注射催产剂，在环境适宜的产卵场所，不仅能使注射药物的亲鱼产卵，那些未注射的成熟亲鱼也可被诱导产卵。

（四）人工孵化

鲮受精卵的孵化方法与四大家鱼基本相似，可放在四大家鱼的孵化环境中孵化，一般每升水放卵 500～600 粒。孵化用水要清新，溶解氧量要高，孵化水经过滤，没有或极少有剑水蚤等敌害生物。要经常刷洗纱窗，保持环道水流畅通，无死角。孵化水温宜保持在 22℃～29℃。受精卵在水温为 28℃～29℃时，经 14～15 小时可孵出鱼苗。鱼苗出膜后 2～3 天，已能水平游泳，即可放到鱼苗池中进行培育。

思考题

1.如何从外形特征上鉴别雌、雄鳜?

2.池养鲥卵母细胞为何不能自发成熟?应采取什么措施启动卵巢发育?

3.如何培育短盖巨脂鲤成熟亲鱼?

4.在鲮亲鱼培养中如何做好施肥、投喂与水质调节?

第五章　草上产黏性卵鱼类的人工繁殖

鲤、鲫、团头鲂、革胡子鲇、泥鳅等均为草上产卵鱼类，产出的卵均为黏性卵，但在繁殖习性上各有其特点。下面将介绍这几种草上产黏性卵鱼类的人工繁殖方法。

一、鲤的人工繁殖

鲤是分布很广的温水性淡水鱼类，适应性强，具耐寒、耐碱、耐缺氧等优良特性，且食性广、生长较快、繁殖简便。鲤的品种较多，有镜鲤、鳞鲤、红鲤、荷包鲤、元江鲤、湘江鲤等，是群众喜食的水产品，也是当前我国池塘养殖的主要对象。近些年来，利用人工繁殖方法，将不同品种或地方种群的亲本进行杂交培育的新品种——丰鲤、建鲤、颖鲤、荷元鲤、岳鲤等，显示了子一代生长性能好的杂交优势，在我国养殖生产中起到了重要作用。

(一)繁殖习性

1. 性成熟年龄与怀卵量　鲤性成熟年龄随栖息水域纬度不同而有差异。长江流域的鲤，2 龄时雌、雄鱼全部成熟，一般体长在 30 厘米以上；北方各水域中的鲤性成熟要推迟 1～2 年，规格适当大些。在华中地区，体长 33～63 厘米的鲤，其绝对怀卵量为 9 万～44 万粒。相对怀卵量比四大家鱼少，一般为 63～89 粒/克体重。

2. 性周期　鲤为 1 年 1 次性周期，但与四大家鱼的性周期有所不同。每年从 2 月底至 6 月初为鲤性腺成熟和产卵的时间(因地区温度差异而有迟早)。产卵后的第Ⅵ期卵巢在 6 月底至 10 月底退化吸收，回复到第Ⅱ期，随后又逐渐发育，11～12月份，卵巢由第Ⅲ期发育进入第Ⅳ期。因此，鲤具有以第Ⅳ期卵巢越冬的特点。到翌年春季当水温和其他条件适宜时，迅速成熟而产卵，故鲤鱼的性腺发育主要在夏秋季节。

3. 产卵季节与产卵条件 鲤的产卵期，南方早，北方晚。广东、广西地区一般在2～3月份开始产卵，长江中下游地区为3月下旬至5月份，华北地区为4～6月份，东北地区为5～7月份。鲤属分批产卵鱼类，繁殖期延续时间较长，一般持续2个月左右。开始产卵的水温与各地所处纬度有关，黑龙江省产卵最低水温为14℃，广东省为18℃。通常产卵水温在17℃以上，集中繁殖的最适水温为18℃～22℃。鲤产卵时必须有水草等卵的附着物存在，故自然产卵场多在浅水水草丛生处。水流能刺激产卵，涨水汛期为产卵盛期。产卵多在清晨进行。

4. 卵的性质和胚胎发育 鲤卵具强黏性，受精卵黏附在水草或鱼巢上发育。卵呈橘黄色、半透明，卵径为1.7毫米左右。鲤胚胎发育时间较长，水温在20℃时约需91小时孵出，25℃时需49小时，30℃时需43小时。刚孵出的鱼苗全长5毫米左右，具梨形卵黄囊，头部悬附在水草上。2天后鳔充气，逐渐离开水草，进行水平游泳。第四天卵黄囊消失，开始主动摄食。

（二）亲鱼的培育

1. 亲鱼选择与雌、雄鉴别 鲤亲鱼可在冬季从江河、湖泊、水库等天然水域中捕捞选留，在繁殖季节前放入池塘蓄养，使其逐渐适应环境。实践证明，以池塘培育的亲鲤为好，因营养条件优越，怀卵量大，且习惯于池塘产卵，产卵较顺利。

（1）亲鱼的选择标准 用作繁殖的雌鲤，一般选择3龄以上、体重1～5千克者为好；雄鱼选择2～3龄、体重0.8～2.5千克者为好。南方鲤成熟年龄早，体型可小些，北方鲤成熟年龄晚，体型可大些。要求体型好，背阔肉厚，体长与体高之比一般为3∶1左右，体色鲜艳，体质健壮，活动力强，鳞片和鳍条完整，无病无伤。为避免近亲交配，导致后代优良性状退化，最好选择不同品系的雌、雄亲鱼。杂交鲤不能作为亲鱼选留。

(2)雌、雄鉴别　在生殖季节，雌、雄鱼极易区别；在非生殖季节，第二性征不明显，但可以根据外形特征相区别(表5-1)。

表5-1　鲤亲鱼雌、雄鉴别要点

性　别	体型(同一来源)	胸、腹鳍和鳃盖珠星	腹　部	泄殖孔
雌	头小、背高、体宽、身短	生殖季节胸鳍光滑，没有或很少有珠星	大而较软，生殖季节外观饱满、膨大而柔软	生殖季节较大，略红肿、突出
雄	头较大、体狭长	生殖季节胸、腹鳍和鳃盖均有珠星，手摸有粗糙感	狭长略硬，成熟时，轻压有精液流出	生殖季节较小，略向内凹，不红肿

雌、雄亲鱼的选留比例一般为1∶1～1.5，但大批生产时，雄鱼也可少于雌鱼。

2. 培育池与亲鱼放养　培育池面积一般为667～2 000平方米，不宜过大，以便干池捕捞亲鱼，水深以1.5米左右为好。要求背风向阳，排灌方便，池底淤泥较厚，腐殖质较多。每年应清塘消毒1次。

鲤亲鱼最好专池单养，放养密度一般每667平方米放养150～200千克(50～100尾)。为调节水质，也可混养少量鲢、鳙亲鱼(每667平方米放10尾左右)。因鲤亲鱼在自然条件下，如水温适宜能自然产卵。为控制产卵期，使其集中产卵，通常将雌、雄亲鱼分塘饲养。如无分塘饲养条件，至少在产卵前1个月也要分开，待天气晴好时，再并塘产卵。若池塘不足，也可在同一池塘用两道拦网(或竹箔)隔开，一边放雌鱼，一边放雄鱼。拦网要高出水面1米，防止鲤跳过。两道拦网的间距为1米左右，以免靠得太近，雌、雄鱼在拦网的两边自产。特别注意在分养时，切不可在雌鱼塘中混进雄鱼。

若采取雌、雄池塘混养方式自然产卵时，当春季水温上升至14℃～15℃时，应将亲鱼起捕按一定雌、雄比例放入产卵池，任其自然产卵。

3. 饲养管理

(1)投喂　鲤为典型的杂食性鱼类，食谱广，但偏爱动物性饵料，尤其喜食底栖动物，如小型贝类、昆虫幼虫、环节动物等，也吃相当数量的水草、丝状藻类、有机碎屑等。饲养鲤亲鱼时，需投喂饲料。常用的饲料有精饲料（如豆饼等）和螺、蚬、蚕蛹等，还有麸皮、米糠和菜叶等，或投喂粗蛋白质含量为38%的配合饲料。投喂水蚯蚓、昆虫等动物性饲料，有助于亲鱼性腺发育。日投喂量为亲鱼体重的7%左右，且应视天气、水温和鱼的摄食情况灵活掌握，每次的投喂量以1～2小时吃完为度。一般每天上、下午各投喂1次，将饲料投放到置于水下层的食台上，以适应鲤底栖生活习性。

鲤以第Ⅳ期卵巢越冬，亲鱼培育的重点应在夏、秋两季，开春后的投喂以能维持正常生长即可。由于鲤活动能力强，食量较大，当水温降至5℃～8℃时仍能觅食，故在越冬期如天气晴好、水温较高时，需酌情投喂适量饲料。

(2)施肥　培育鲤亲鱼的池水应适当肥些，在培育池中可施放牛粪、猪粪或人粪尿，以培育天然饵料，主要是底栖动物和大型浮游动物等，供鲤摄食。施肥量与施肥方法可参照鲢、鳙亲鱼池的管理。

(3)调节水质　在培育过程中，要注意水质调节，适时加注新水，改善水质，以利于亲鱼性腺发育成熟。越冬前，亲鱼池要注满水，做好防寒工作。北方还要做好破冰增氧工作。

(三)产　卵

1. 产卵池和鱼巢的准备

(1)产卵池的选择与清整　产卵池面积不宜过大,一般以334～667平方米为宜,水深0.8～1.4米。注排水要方便,背风向阳,环境安静。在亲鱼放养前7～10天彻底清塘消毒,杀灭野杂鱼和其他敌害生物,保障鱼卵不被吞食和损害。同时,还应清除过多的淤泥。

(2)扎制鱼巢　鲤鱼卵需黏附在水草上孵化,在人工控制条件下,鱼巢取代自然条件下的水草,成为鲤产卵的重要环境条件。鱼巢就是人工提供亲鱼产卵的附着物,使受精卵黏附其上进行发育。

用于制作鱼巢的材料要求纤细、柔软、细须多,在水中易散开,不易发霉腐烂且无毒,卵易黏着。生产上常用棕榈皮、杨树或柳树的根须、水草(聚草、金鱼藻等)、聚乙烯人造纤维等,切忌用稻草制作鱼巢。

棕榈皮、柳树须根在使用前需用水煮沸,以清除单宁酸等有毒物质,再用清水洗净,晒干备用。水草不能蒸煮,可用药物浸泡消毒。

将准备好的材料扎制成束状鱼巢,以便悬吊。棕榈皮每3～4片结成1束,柳树根约250克扎为1束,水草每束500克左右。鱼巢在使用前,最好用4%食盐水浸泡半小时消毒,可减少孵化中鱼卵发生水霉病。

2. 布放鱼巢自然产卵

(1)配组并池产卵　鲤产卵对环境条件要求不高,在流水和静水的小池塘中都能产卵孵化自行繁殖。长江中下游地区在4月初前后,当水温升至18℃左右时(北方稍低1℃～2℃)开始繁殖。如用物候来判断,即在桃花盛开的时节,正是鲤开始产卵的季节。

对雌、雄分养的亲鱼,可在晴暖无风或雨后初晴且水温适宜时，选择成熟较好且一致的雌、雄亲鱼搭配，一般按1∶1.5或1∶2配组并入产卵池。通常将雌鱼并入雄鱼池中产卵。配组不仅要考虑雌、雄数量比例，还要视鱼大小灵活掌握。一般每667平方米放配组亲鱼100～150千克(即雌鲤30～40尾)。

对雌、雄混养的亲鱼，可在4月初前后，当水温上升至14℃～16℃时，起捕亲鱼，挑选成熟好的个体按上述比例和密度并入产卵池产卵。

雌、雄亲鱼并池应在下午进行，入产卵池后最好冲水1～2小时，加入新水3～7厘米深，并投放鱼巢，以刺激亲鱼发情产卵。

(2)鱼巢的放置与管理

①正确预计亲鱼产卵时间，及时投放鱼巢：一般在产卵前1天傍晚布放鱼巢，可先放1～2个鱼巢引产，当发现已开始产卵时再适当多放。过早投放棕榈皮、杨树和柳树根扎制的鱼巢，久浸在水中易腐烂而影响水质，同时易附着过多的淤泥而影响鱼卵的黏附；过迟投放鱼巢会使亲鱼成熟卵不能及时产出而影响产卵效果。鱼巢一般固定在离岸1～1.5米处，要求分布均匀，密度适中，要全部浸没在距离水面12～15厘米的水层中呈伞状散开，其下部不能与池底泥接触。同时，还应设置沉巢，以收集未能在浮巢上附着而下沉的卵。

②布巢方式：鱼巢在产卵池布置得是否合适，直接影响鲤鱼的产卵效果和鱼卵在巢上的附着率。常用的布巢方式有悬吊式和平列式2种。悬吊式为使用长短不同的竹竿，一端用绳扎鱼巢悬吊放入池水里，另一端斜插在产卵池的岸边，通常沿池边插1～2圈；平列式鱼巢是将几束附卵鱼巢绑在细竹竿或树条上，竹竿长度为60～80厘米，束间距为15～30厘米，将竹竿横放在产卵池中，两端固定。

③及时取换鱼巢：鲤产卵一般在午夜开始至翌日早晨6～8时最盛，10时后产卵完毕。当检查发现鱼巢上鱼卵集中附着适度

时，应及时取出转至孵化池孵化，并根据实际需要更换新的鱼巢入池，以防亲鱼吞食鱼卵和布卵密度过大时卵粒重叠。通常在产卵后1小时将附卵鱼巢取出孵化。取换鱼巢时要细心，避免剧烈摇晃和摩擦。鲤产卵可持续数日，故每日都需更换鱼巢。如若放巢后至翌日上午未见产卵，应将鱼巢捞起，洗净晒干，到傍晚再放，如此直到产卵为止。

(3)“晒背”促产　如果亲鱼配组并塘后因成熟度或气候变化，鱼经冲水后数天仍不产卵，应采取“晒背”促产措施。即选择晴天上午将池水排出大部分，留下15～20厘米水深，水浅处让鲤背部刚好露出水面，日晒半天，使水温升高，促进鲤性腺转化。待傍晚时，再加注新水恢复原有水位。连续1～2天，可促使多数亲鱼产卵。若“晒背”促产不成，表明亲鱼尚未成熟，应放回培育池继续培育或就池培育，待晚期催产。

3. 人工催产　鲤自然产卵时间往往拖得较长，给繁殖工作带来不便。为使产卵和孵化时间集中，提高产卵效果，做到按计划生产鱼苗，现普遍采用人工催产法促其产卵。选择成熟度较好的亲鱼，按雌、雄比为1∶1配组注射催产激素。一般雌鱼每千克体重单一注射鲤脑垂体4～5毫克，或绒毛膜促性腺激素1 000～1 200单位，或促黄体素释放激素类似物35～50微克。也可将2种激素混合注射。雄鱼剂量减半。注射液的配制与注射方法与四大家鱼相同。采用1次注射法，一般在下午4～5时进行。

注射催产剂后，将亲鱼放入产卵池，设置鱼巢，让其自行产卵。冲水1～2小时，傍晚放入鱼巢，一般在翌日清晨能产卵。也可将催产后的雌、雄亲鱼分养在网箱中，网箱布要密而光滑。网箱上加盖网，以防鲤的背鳍、臀鳍硬刺挂于网上，或跳出箱外。待发情排卵时，将雌、雄亲鱼捞起进行人工授精。

鲤的人工授精宜采用干法，因卵遇水后会产生黏性。将受精卵均匀地撒在置于浅水容器中的鱼巢上，待鱼卵黏附后洗去多余的精液与污物，即可将鱼巢移入孵化器中孵化。或将受精卵脱黏后用四大家鱼的孵化工具进行流水孵化。

(四)人工孵化

鲤受精卵的孵化方法主要有以下几种。

1. 池塘孵化　为减少鱼苗转塘，目前生产上多直接使用鱼苗培育池兼作孵化池，待鱼苗孵出后就池培育。池面积为 334 平方米左右，水深 0.8～1 米，沙泥底最好。使用前 1 周要清池消毒，切勿过早或过迟。

附卵鱼巢在放入孵化池前要用 3%食盐水浸泡 20～30 分钟。鱼巢移入孵化池时操作要轻快，将鱼巢悬挂在孵化池的孵化架上孵化。孵化架固定在水位较深、背风向阳的池角处，鱼巢沉入水面下 20～30 厘米的水层中，并根据水温、天气变化情况将附卵鱼巢上下移动于不同水层，或在孵化架上面覆盖草帘、芦苇等。为提高孵化率，也有在孵化架上用绳在水面下 17 厘米左右相互连接成网状，将附卵鱼巢解开，然后散铺在绳网上进行孵化。这样，由于鱼巢不重叠，氧气丰富，卵不易感染水霉病，孵化率较高。

同一池塘应放同一天所产的鱼卵，使孵出鱼苗的时间基本一致，以便于管理。鱼巢上鱼卵的计数，是在亲鱼产卵半天后，选附卵密度有代表性的鱼巢 2～3 束，统计每束上的卵粒数(包括受精卵与未受精卵)，取其平均值，乘以入池鱼巢的束数，即可算出池中孵卵总数。

提高孵化率是鲤人工繁殖的关键。导致孵化率低的因素包括：生殖季节时水温变化较剧烈，水质不良或池水太肥，水中溶解氧量低，鱼卵受水霉菌大量寄生、野杂鱼或其他敌害生物等的吞食等。其中以水温剧烈变化和水霉菌寄生为影响鲤鱼卵孵化率的两个主要因素。

鲤受精卵的孵化适宜水温为 15℃～30℃，最适宜水温为

20℃～25℃，其孵化效果最好。水温过高或过低均对其发育不利。当水温低于15℃时，会引起胚胎发育不正常，且会延长孵化时间，造成水霉菌大量孳生；当水温高于30℃时，由于畸形、怪胎增多，受精卵陆续死亡，从而降低孵化率。

做好水霉菌的防治工作可有效提高孵化率。鱼卵水霉菌寄生的原因是由于受精率低，死卵多，易感染；水质不良，水温偏低，适合水霉菌大量繁殖。因此，提高受精率是防治水霉菌最有效的方法。同时，也可采取药物防治的方法。鱼巢入池前用3%食盐水浸泡，入池后用10毫克/升高锰酸钾溶液浸洗30分钟；或用10毫克/升威岛牌消毒剂在鱼巢四周泼洒，每日1次，连用3天，有较好的预防效果。

如将附卵鱼巢放在四大家鱼产卵池或孵化环道中用微流水孵化，适当增大孵卵密度，其孵化效果比在池塘中更好。

鲤的孵化较四大家鱼慢。受精卵在水温为18℃～20℃时，需4～6天孵出；在水温为25℃左右时，需3～4天孵出。鱼苗刚孵出时，不要急于取出鱼巢。鱼苗孵出后2～3天仍附着在鱼巢上，此时鱼苗靠自身的卵黄囊供给营养。要待鱼苗卵黄囊消失并离开鱼巢，能自由游泳、主动摄食时，方可取出鱼巢，拆去孵化架。取巢时要轻轻抖动，避免将鱼苗带出。

在孵化后期，可适当施肥或泼洒些豆浆，培养天然饵料生物，使鱼苗开口摄食时能及时吃到适口的食物。在清水池中孵化的鲤鱼卵，应在发眼期(即眼点出现)后，将鱼巢移入已清整好的较肥的鱼苗池中，这样鱼苗成活率较高。

2. 脱黏流水孵化 鲤鱼卵为黏性卵，经脱黏处理后的受精卵，可放入四大家鱼孵化器中进行流水孵化。流水孵化因水质好，水霉菌感染少，一般孵化率可高达80%以上，且不用鱼巢，管理方便，适合大规模生产。但孵化用水须清新无害，溶解氧量在4毫克/升以上，pH值7～8，水要经过过滤，除去敌害生物。生产中常用的脱黏方法有如下 2 种。

（1）泥浆脱黏 先将细泥土（一般为黄土）加水搅成稀泥浆，1 千克细泥可加水 10 升，用 40 目筛绢过滤后，放在盆中备用。脱黏时，将干法授精后的鲤鱼卵，每次少量倒入手中，缓慢地撒入泥浆水里，并不停地用手翻动泥浆水，使卵散开在泥浆水中去黏。待需脱黏的鱼卵撒完后，继续搅拌泥浆 1～2 分钟。然后将泥浆水连同鱼卵一起倒入网箱过滤，筛出鱼卵，过数后放入孵化器中孵化。此法取材方便，简单易行，脱黏效果也好。

（2）滑石粉脱黏 取 100 克滑石粉加入 20～30 克食盐（以提高脱黏效果）混合后，放入 10 升水中，搅拌成滑石粉悬浮液。将干法授精的鱼卵慢慢地倒入盛有滑石粉悬浮液的盆中，边倒边搅拌，使受精卵不会出现结块现象。经 30 分钟左右，卵呈分散颗粒状，达到脱黏效果。用水洗去多余的悬浮液后，放入孵化器中流水孵化。一般每 10 升滑石粉悬浮液可脱黏卵 1～1.5 千克。此法不会在卵膜上形成浓厚的黏附层而增加鱼卵的相对密度，而且卵膜仍然透明，便于观察胚胎发育状况。在孵化过程中，黏附的微细滑石粉还会逐渐脱落，使鱼卵更透明。

将脱黏的受精卵置于孵化环道中进行流水孵化时，一般放卵密度为 80 万～120 万粒/立方米，孵化桶可放卵 100 万～150 万粒/立方米，其孵化管理与鲢、草鱼相同。因鲤鱼卵的相对密度较大，卵膜吸水膨胀度较小，且表面附有细泥，故在孵化过程中，应比四大家鱼的水流适当加大些，使鱼卵冲起并均匀分布于水中，以防鱼卵沉底。当鱼苗开始出膜时，又要特别注意减小水流。

目前，有些单位采用室内孵化器孵化，即将附卵鱼巢放在孵化器内用流水孵化，直至出苗。其优点是水温较稳定，易采取防水霉菌消毒措施，因而有利于提高孵化率。

3. 淋水孵化 是将附卵鱼巢置于通风、温度较适宜的室内孵化架上，人工间断喷水，保持鱼巢潮湿进行孵化的方法。淋水孵化的要求包括以下几点：一是附卵鱼巢要均匀地挂于孵化架上，或在架上放竹帘，将鱼巢平铺在竹帘上。二是要及时用喷水壶进行人工淋水。淋水时间与次数依气温等具体情况决定，以保持鱼巢湿润为度。一般每隔 0.5～1 小时淋水 1 次。淋水的水温要和室温差不多。三是孵化期间室内温度要保持稳定，一般以 20℃～25℃为好，低温时可在室内装置有烟囱的火炉加温。室内空气既要通风，又要保持潮湿，要防止过分通风致使鱼卵表面干燥。四是要及时下塘。淋水 3 天左右，当胚胎发育至发眼期时，要立即将鱼巢转入池塘或流水孵化器中继续孵化。转入鱼池时要注意室内气温和池水水温保持相同。此法因受气候、温度变化的影响较小，在一定程度上可防止发生水霉病，其孵化率较高。

在北方，为使鲤提早产卵和孵出鱼苗，常采用建造塑料薄膜孵化室的方法。一般利用面积为 50～300 平方米、水深 0.5～1 米的小鱼池，在池上用木杆搭棚，上面覆盖塑料薄膜。这样可使孵化室内水温比室外显著提高 5℃～10℃。在 5 月初以后，能使池水达到鲤产卵和孵化的温度，获得较好的孵化效果。

二、鲫的人工繁殖

鲫肉质细嫩，味道鲜美，向来被列为上等食品，为我国传统的池塘养殖对象。鲫的品种很多，自然形成的地域性鲫和人工培育的品种或杂交种多达几十个，主要有方正银鲫、彭泽鲫、百花鲫、湘云鲫、日本白鲫、异育银鲫等。下面以异育银鲫为例介绍鲫的人工繁殖技术。

异育银鲫是选用方正银鲫为母本，兴国红鲤为父本，通过人工杂交异精雌核发育繁殖出的子代。此后又在异育银鲫的混合品系中，经多年选育，从 4 个雌核发育系银鲫中选出高体型异育银鲫(简称高背鲫)优良品种。目前在我国绝大部分省、直辖市广泛养殖，收到了显著的经济效益。

(一)亲鱼的选择与培育

1. 亲鱼的选择条件　由于异育银鲫为三倍体，子代性状不分离，子代可作亲本用，这一点不同于杂交鲤。当选用异育银鲫作亲本时，应选择第二次性成熟的个体，体重为400～750克。个体大的亲本，其怀卵量大，卵的质量好，繁育出的鱼苗个体大。作为父本的兴国红鲤，应选择鳞片规则、体色橘红无杂色、体重1～3千克的壮年个体。切勿采用野鲤或杂交鲤作父本，否则易使后代失去生长优势。

在血缘关系上，要定期与外单位交换原种、良种亲鱼，防止近亲繁殖而导致品种严重退化。补充的后备亲鱼必须有较大的数量，一般每批至少在300尾以上。

要系统选育，及时淘汰自然突变产生的不良个体。按异育银鲫良种性状要求，通过5～6代人工选育，获得具有优良性状且稳定的纯系。

2. 培育池与亲鱼放养　设置专用亲鱼池，为亲鱼提供良好的生态条件。培育池除一般要求外，水深必须达1.5米以上，以利于水温稳定，防止早春暖空气来临时水温升高而导致亲鱼流产。将引进的雌、雄鱼原种或良种亲本，分开放养于亲鱼池中，并要防止其他雄鱼混入。雌亲鱼一定要专池培育，每667平方米水面放养100～150千克。为调节水质，可搭配少量鲢、鳙成鱼。

3. 培育方法　鲫为底层杂食性鱼类，主要以水生植物碎屑、硅藻、丝状藻和大型浮游动物为食，亦食人工饲料。在长江流域以南的异育银鲫几乎全年都能摄食。因此，应坚持长年培育和秋季强化培育相结合的培育方法。产后亲鱼要投喂精饲料，使其尽快恢复体质；冬季要注意适量投喂；春季产卵前，水温回升，亲鱼摄食能力随之增强，要抓紧投喂精饲料，日投喂量按体重的5%～7%计算。适时加注新水，促进性腺发育。但在接近产卵期时切勿随意加注新水和拉网，以免造成流产。具体培育方法同鲤亲鱼的培育。在正常情况下，由于兴国红鲤的性成熟比鲫早15～20天，为使鲤、鲫性腺达到同步成熟，对单养的兴国红鲤，无须采取强化培育，以推迟鲤性腺成熟时间。

(二)人工催产

异育银鲫可在池塘中自然产卵繁殖，但由于群体性腺发育有差异，为使绝大多数鱼性腺同步成熟与产卵，生产上常采用人工催产措施。

1. 催产季节的选择 催产季节随各地气候条件而异。鲫每年3～8月份产卵，湖北省为4月中旬至5月中旬，广东省3月初即可繁殖。由于繁殖早期天气冷热变化大，且大部分亲鱼尚未完全成熟，一般不宜催产。最佳催产时机应选择在亲鱼自然产卵的盛期。催产适宜水温为18℃～26℃。在催产季节要经常观察温度变化与亲鱼情况。根据天气预报，在未来3～5天无冷空气侵袭、水温较稳定时，即可进行催产。

2. 催产亲鱼的选择 用于催产的雌鱼应选择腹部膨大柔软、卵巢轮廓明显、生殖孔微红且略向外突出、轻压腹部能挤出少量卵粒者，卵粒应饱满，大小一致，用透明液观察，大部卵核已偏位。成熟的雄性兴国红鲤，轻压腹部有乳白色精液流出即可。雌、雄配比为1∶1。

3. 注射催产剂 性腺发育较好的亲鱼，采用1次注射法。异育银鲫用鲤脑垂体催产效果最好，剂量一般每千克体重为5～6毫克。但一般选用促黄体素释放激素类似物和绒毛膜促性腺激素混合液注射，剂量为每千克雌鱼注射促黄体素释放激素类似物40～80微克、绒毛膜促性腺激素1 000～1 500单位。雄性兴国红鲤只注射绒毛膜促性腺激素，剂量减半。若亲鱼性腺发育一般，宜采用

2 次注射法。雌鱼第一针只注射促黄体素释放激素类似物，剂量为全剂量的 1/10，经 20 小时后，再注射余量。雄鱼剂量减半。每次注射液为 1 毫升。

对已注射的雌、雄亲鱼分养在网箱中。在水温为 18℃～22℃时，其效应时间 1 次注射法为 16～20 小时，2 次注射法为 10～12 小时。

(三)人工授精

由于异育银鲫(或方正银鲫)难于和兴国红鲤进行自然交配，因此必须采取人工授精的方法。根据效应时间，在水温为 20℃～26℃时，一般经 12～15 小时可检查雌鱼，当轻压腹部有卵流出时即可进行人工授精。授精时间最好控制在清晨。

人工授精采用干法。起捕成熟的异育银鲫，按住生殖孔，用干毛巾擦干鱼体，轻压腹部，将成熟卵挤入干燥的瓷碗或脸盆内，同时挤入兴国红鲤雄鱼的精液，滴在鱼卵上，一般 5 万～10 万粒卵滴精液 5～10 滴。用羽毛将精、卵均匀搅拌 2～3 分钟，然后用滑石粉或泥浆水脱黏，脱黏方法同鲤。脱黏后的卵在水中漂洗 1～2 次，计数后放入孵化桶中孵化。也可直接将未经脱黏的受精卵均匀地投放在预先放入水中或孵化设施中的鱼巢上进行孵化。

异育银鲫人工授精时应注意以下事项：第一，囤养在网箱内的待产亲鱼必须有专人值班，定期给予微流水，防止缺氧浮头。第二，定期测量水温，及时检查雌鱼性腺成熟度，一旦发现成熟，立即进行人工授精，防止发生大批流卵。如雌鱼只能挤出少量卵粒，表明卵还未完全成熟，不要硬挤，可放回网箱暂养，待 1～3 小时后再挤。如挤出的卵里有大量灰白色卵粒，表明该卵已过熟，应弃除。第三，生产上采用干法授精，需多人参加，应合理安排，进行流水作业。要在阴凉环境下进行，严禁阳光直射，以防紫外线杀伤精、卵。盛卵碗(盆)必须保持干燥，鱼体必须擦干，以免影响受精率。第四,用滑石粉脱黏时,因滑石粉悬浮液反复使用,其浓度会逐渐下降而影响脱黏效果,故在操作过程中应定期适量添加滑石粉。

(四)孵　化

受精卵孵化可在静水或流水中进行。带卵鱼巢在池塘静水孵化时,将鱼巢挂在经清塘消毒的池中,固定排放在水位较深、背风向阳的位置,将鱼巢沉入水面下 30 厘米,让卵在鱼巢上自然孵化。遇天气骤变时,将鱼巢沉入更深的位置,待鱼苗能活泼平游后,取出鱼巢。在孵化后期,适当施用腐熟的有机肥,培育天然饵料生物,使鱼苗开口后能有适口的生物饵料。

脱黏流水孵化时,一般采用孵化桶孵化,每 100 升水放卵 20 万～40 万粒。鱼卵在桶内要分布均匀,没有死角,放卵密度可比鲢、鳙鱼卵高 1 倍。由于孵化环道适用于半浮性卵的孵化,脱黏后的异育银鲫鱼卵为沉性卵,易在底部死角处堆积,严重影响出苗率,故较少使用。

三、团头鲂的人工繁殖

团头鲂又名武昌鱼,原产于长江中游一带的湖泊中。因其肉味鲜美,抗病力强,食料易解决,繁殖简便,易捕捞,现已作为淡水养殖的重要对象被广泛推广到全国各地饲养。

(一)繁殖习性

长江流域的团头鲂性成熟年龄为 2～3 龄,体重 0.3～0.5 千克,移于北方的团头鲂要推迟 1 年性成熟。湖北省梁子湖的团头鲂,体重 1.4～1.7 千克,其绝对怀卵量为 24 万～36 万粒,每千克鱼体重平均产卵量为 8 万～10 万粒。

团头鲂的产卵季节比鲤稍迟,比青鱼早 10 天左右。长江中下游地区多在4月底至6月上旬产卵，在湖泊、水库中均能自然繁殖。产卵水温为20℃～28℃。产卵场多在水生植物繁盛的软泥浅水处。对水流要求不严格。多在夜间产卵。

团头鲂为产黏性卵鱼类，卵的黏性比鲤、鲫的卵要差些，故卵的附着力较弱、易脱落。刚产出的卵呈浅黄色微带绿色，在水温20℃～25℃时，2天可孵出。刚出膜的鱼苗体长3.5～4毫米，透明、无色，附着在植物上，3天后开始水平游动和主动摄食。

(二)亲鱼的培育

1. 亲鱼的选择与雌、雄鉴别　亲鱼可从天然水域中捕捞，放入亲鱼培育池培育一段时间后再行催产，也可从池塘鱼种中选留培育而成。

亲鱼一般选择3～4龄，体重0.5千克以上，体高背厚，尾柄短，体形近似菱形，体格健壮，生长良好的个体。雄鱼数量应略多于雌鱼。

团头鲂的雌、雄鉴别较容易，其区别特征为：生殖季节，雄鱼在胸鳍、尾柄的背缘以及腹缘、头部和体背部均有密集的珠星；雌鱼胸鳍光滑无珠星，除在尾柄部分和体背部有少量珠星外，其余部分很少见到。雄鱼胸鳍第一根鳍条肥粗，略弯曲呈"S"形，终生存在，不会消失；雌鱼胸鳍第一根鳍条细而平直。利用此特征在非生殖季节也可区别雌、雄鱼。雄鱼腹部较小，成熟时轻压鱼腹有乳白色精液流出；雌鱼腹部膨大明显，且柔软，泄殖孔稍突出。

2. 培育方法　亲鱼可单养，也可在四大家鱼的亲鱼池中少量搭养。为便于亲鱼培育管理和捕捞，一般为专池培育。团头鲂雌、雄亲鱼最好能分养或在产卵前1个月分养，以利于控制产卵时间和进行人工催产。团头鲂培育池以面积为667平方米左右、水深1.2米为宜。每667平方米放养亲鱼200～300尾，鱼体重约100千克。池中可适当配养1～2组鲢亲鱼，以调节水质。

团头鲂生活在水体中下层，为草食性鱼类，喜食苦草、轮叶黑藻、马来眼子菜、紫背浮萍等水生植物，也喜食人工投喂的饼类和人工轧碎的螺、蚬等。在常年培育中，夏季以投喂青饲料为主；入冬后以精饲料为主；春季宜精、青饲料搭配，比例为 1∶16；产后 1 个月内应适当多喂些精饲料。日投喂量，青饲料以每天投喂后4～6 小时内吃完为度，精饲料以每尾 20～30 克为宜。一般每尾鱼全年需投喂精饲料 1～1.5 千克。为保持水质清新，应经常加注新水，但产卵前半个月左右应停止注水。

产卵前 1 个月(约 4 月初)，当水温回升时，要将雌、雄混养的亲鱼分开饲养，以免水温上升到 18℃以上，或遇大雨有流水冲入池内，造成亲鱼零星自然产卵，影响集中生产，并造成损失。方法是将雌鱼捕出，放入另一鱼池暂养，待天气稳定后，选择适当时机进行人工催产。

(三)产　卵

1. 布放鱼巢自然产卵　团头鲂在池养条件下一般不会产卵。但当亲鱼性腺充分发育成熟后，遇适当环境条件(如流水、水草)，也能自然产卵。因此，在繁殖季节来临时，当水温达 20℃以上，可将雌、雄亲鱼并池，给予适当流水刺激，适时布放鱼巢，雌鱼便能自行产卵。

2. 催情产卵　为使团头鲂亲鱼产卵同步集中，当前生产中普遍采用人工催情产卵法繁殖鱼苗。挑选性腺成熟的雌、雄亲鱼，按 1∶1～2 的比例配组。

用于团头鲂的催产剂种类与四大家鱼基本相同，但使用剂量稍大一些。常用剂量为雌鱼每千克体重注射鱼类脑垂体 6～8 毫克，或绒毛膜促性腺激素 1 500～2 000 单位，或促黄体素释放激素类似物 40～70 微克。雄鱼剂量减半。一般采用 1 次注射法，多在傍晚进行，以控制亲鱼在翌日清晨产卵。当水温在 24℃～27℃

时，效应时间为 6～8 小时。

如亲鱼性腺发育较差或催产早期，也可使用 2 次注射法。第一针在傍晚注射，每尾雌亲鱼注射促黄体素释放激素类似物 2～3 微克，注射后放入催产池，给予少量微流水。隔 12～24 小时后再注射第二针，剂量为每千克雌鱼用绒毛膜促性腺激素 1 600～2 400 单位、促黄体素释放激素类似物 23～47 微克。雄鱼一般只注射绒毛膜促性腺激素，剂量减半。

若让团头鲂自行产卵，亲鱼经注射后，放入四大家鱼产卵池或孵化环道，布放好鱼巢（有关鱼巢的技术与鲤同）。由于团头鲂鱼卵黏性较差，易散落池底，为充分收集鱼卵，可在产卵池底铺一层芦席，并给予微流水刺激，让其自行产卵。产卵池管理方法与鲤相同，在取换鱼巢时，要小心操作，以免鱼卵脱落。

若采用人工授精，可将注射催产剂后的雌、雄亲鱼分养在两个网箱里，按预计的效应时间检查雌鱼，待能挤出成熟卵时，立即进行人工授精，将受精卵脱黏，或附着在鱼巢上，进行流水孵化，以提高孵化率。

（四）孵　化

1. 池塘孵化　孵化方法与鲤基本相同。一般利用鱼苗培育池孵化，每 667 平方米水面放卵 25 万～35 万粒。水温在20℃～23℃时，经 44 小时孵出；在 25℃～27℃时，经 38 小时孵出。鱼苗出膜后，可在原池进行培育。此法孵化率较低，目前生产上较少用。

若将附卵鱼巢放在四大家鱼的产卵池（一般 120 平方米的产卵池 1 次可放鱼卵 400 万粒）或孵化环道中进行流水孵化，其效果要好些。

2. 脱黏流水孵化　脱黏操作与孵化可参考鲤的人工繁殖。因团头鲂鱼卵黏性弱，脱黏过程可缩短。脱黏卵放入孵化器中进行流水孵化时，放卵密度要稀于四大家鱼，为40万粒/立方米。水流宜适当大些，以免鱼卵沉底窒息死亡。但在鱼苗出膜1～2天内，流水不宜过大。团头鲂鱼苗体嫩弱，出苗时要特别细心，要带水舀苗和计数。

3. 团头鲂孵化管理的特点 团头鲂的孵化技术与管理方法除了与四大家鱼有相同之处外，还具有其固有的特点。第一，团头鲂的卵易感染水霉菌，鱼卵进孵化器之前必须进行药浴消毒。第二，脱黏卵在静水中沉于水底，而孵化环道因流水不匀，易产生死角，不易将沉性卵均匀冲起，故宜采用流水均匀的孵化桶孵化。第三，团头鲂受精卵的卵周隙小，吸水后卵径一般为1.3毫米，刚出膜的鱼苗体纤细，长3.5～4毫米。因此，孵化桶纱窗的网目要选用70目规格，以防刚出膜的鱼苗漏失。第四，团头鲂鱼卵中的卵黄积累较少，从鳔充气到卵黄囊吸收完毕的时间仅9小时，即混合性营养阶段很短。因此，只要团头鲂一旦鳔充气，即应出苗下塘(俗称“嫩苗下塘”)。长途运输(12小时以上)必须在眼黑色素期至鳔雏形期阶段进行。第五，团头鲂鱼苗身体细小、嫩弱又无色素，操作时要格外小心，在出苗计数时，必须带水操作。

四、革胡子鲇的人工繁殖

革胡子鲇又称埃及胡子鲇，为热带、亚热带淡水鱼类。原产于非洲尼罗河流域，1981年从埃及引入我国广东省，现已推广到全国养殖。其个体肥大，生长快，肉质鲜美，为一种高效、高产的养殖品种，深受养殖者的欢迎。

(一)繁殖习性

革胡子鲇在我国南方地区性成熟年龄通常为10个月，若饲养条件好，7个月左右也可性成熟。最小性成熟个体重100克，一般为200～250克。属1年多次产卵鱼类，在人工强化培育与流水刺激下，1年可产卵4～5次，产卵间隔时间为20～30天。体重250～600克的雌鱼，产卵量为1.2万～3.7万粒。

革胡子鲇的繁殖季节在我国南方地区为4～10月份，由南至北繁殖期逐渐延迟和缩短。产卵水温为20℃～32℃，最适水温为25℃～32℃，产卵习性与鲤相似。成熟亲鱼常在静水体岸边水草茂密的浅滩处群集产卵，在雨后清晨产卵较盛。卵为黏性卵，黏附在水草上孵化，胚胎发育所需积温为783℃。

(二)亲鱼的培育

1. 亲鱼的选择与雌、雄鉴别　亲鱼可从当地池塘养殖成鱼中挑选，宜选择饲养1年以上，体重500～1 000克，鱼体肥壮、无伤的个体。自然产卵受精雌、雄鱼比例为1∶1.2～1.5，人工授精为2～3∶1。

性成熟的雌鱼外生殖突呈短圆形，后缘游离度小，充血呈浅红色，泄殖孔位于生殖突的中央偏后处；头部较窄而高，胸鳍圆钝；体表黏滑，色素浅淡，体侧黑斑较少。雄鱼外生殖突呈细长管状，末端尖细，后缘游离可长达臀鳍起点，常呈白色或淡黄色，泄殖孔位于最末端；头部略宽扁，胸鳍末端较尖长；体表较粗糙，色素较深，体侧黑斑明显。

2. 培育池与亲鱼放养　亲鱼培育池应选择水源良好、排灌方便的池。面积不宜过大，以300～1 334平方米、水深1～1.5米为宜。池埂高出水面40厘米，池底平坦、淤泥少。亲鱼放养前要清池消毒。

放养密度一般每667平方米放200～300千克。雌、雄鱼可混养，但在产前1个月左右，最好将雌、雄亲鱼分塘专养，以便控制产卵期。

3. 投喂与管理　革胡子鲇为底栖性以动物性饵料为主的杂食

性鱼类，亲鱼池可投喂动、植物混合饲料或配合饲料。亲鱼饲料粗蛋白质含量一般为 30%～35%，其中动物性蛋白质应占一半以上。配合饲料参考配方为：鱼粉 40%、蚕蛹粉 10%、花生麸 10%、黄豆粉 10%、糠 30%；或鱼粉 50%、花生麸 30%、麦麸 20%，再添加少量矿物质和维生素，制成颗粒饲料投喂。每日投喂 2 次，日投喂量为鱼体重的 5%～10%，每次以 2～3 小时吃完为度。有条件的地方，每 1～2 周可增投部分新鲜杂鱼虾肉、蝇蛆、蚯蚓等动物性饲料，以促进亲鱼更快发育成熟。

亲鱼培育大致可分为越冬期、产卵前和产卵后 3 个培育阶段。当自然水温降至 20℃时，应将亲鱼移入越冬池，以确保亲鱼安全越冬。越冬水温宜保持在 18℃～20℃，并适量投喂少而精的饲料，经常少量多次换水。春季当外界水温回升至 18℃以上时，应及时将亲鱼移到清整好的亲鱼培育池，进行产前强化培育，投喂营养全面而充足的饲料，并加强流水刺激，经常冲注新水，一般每周加水 1～2 次，有微流水最好。保持水质良好和溶解氧量充足，促进亲鱼性腺发育。产卵后的亲鱼要及时转入水质清新的池塘中进行专池培育，提供良好的水环境与饲料，使亲鱼迅速恢复体力，并促进产后亲鱼性腺继续发育成熟，一般经 1 个月左右的精养，即可再次成熟产卵。

（三）人工催产

1. 亲鱼成熟度鉴别　催产雌鱼挑选腹部膨大松软而略有弹性，卵巢轮廓明显，生殖孔呈圆形、微红、稍大、略开的个体；雄鱼以精液呈透明水样不易挤出、体色较深且用手触摸有粗糙感者为好，个体大小应与雌鱼相近。

2. 注射催产剂　雌鱼每千克体重注射剂量为：鲤脑垂体4～6毫克，或鱼类脑垂体 2～3 毫克、绒毛膜促性腺激素 1 500～2 000 单位，或绒毛膜促性腺激素 3 000～4 000 单位。繁殖旺季用 1 次注射法即可，雄鱼剂量减半。繁殖初期采用2次注射法效果较好，第一针为总剂量的1/10～1/3，两针间隔为7～10小时。在水温21℃～29℃时，效应时间为10～12小时。采用1次注射法时，效应时间会延长。

3. 产卵与受精　一般采用以下2种方式。

（1）群配产卵，自然受精　将催产后的雌、雄亲鱼按1∶1～1.2的比例放入产卵池，每平方米宜放2～3对亲鱼。产卵池用圆形锅底状的水泥池，面积在数十平方米，保持水深15～25厘米，并放置洁净的鱼巢，供卵黏附。产卵池要有微流水。革胡子鲇一般清晨产卵，当鱼巢上黏卵较多时，应将鱼巢移往别处孵化。同一批成熟卵分数次产出，产卵可持续3个多小时。

（2）人工授精　将催产后的雌、雄亲鱼分开蓄养，达到效应时间后进行亲鱼检查，将成熟卵挤出，按3～5尾雌鱼配1尾雄鱼的比例，剖腹取出雄鱼精巢，迅速剪碎，进行干法人工授精。将受精卵黏附于筛绢片等鱼巢上，用32～40目尼龙窗纱钉在40厘米×50厘米的木框架上，每片可黏卵2万～3万粒，黏卵密度为10～12粒/平方厘米，单面或双面黏附均可，或将受精卵用泥浆水脱黏后进行孵化。

（四）人工孵化

1. 孵化方法　黏附卵的鱼巢可在水泥池、网箱等孵化器中孵化。

（1）水泥池孵化　在长2～3米、宽1～1.5米、深40厘米的水泥池中，采用静水孵化，放卵密度为2万～3万粒/平方米；如用微流水或充气孵化，容卵量为4万～5万粒/平方米。也可将附卵筛绢挂在育苗池内（一般每平方米挂1～2片）孵化，保持池水深40～50厘米，最好有微流水。

（2）网箱孵化　用40目尼龙筛绢制成长1～1.2米、宽0.4～

0.8 米、高 30～50 厘米的网箱，箱底部浸入水中 10～15 厘米，每箱可容卵 2 万～2.5 万粒。

如为脱黏卵，可放在孵化环道或孵化桶中进行流水孵化，容卵密度为 50 万粒/立方米。

2. 孵化管理 孵化用水要求水质清新，溶解氧充足(最好为 5～6 毫克/升)，pH 值为 7，不浑浊，透明度较高，无污染与敌害。孵化水温为 20℃～31℃，最适水温为 24℃～28℃。室外孵化要遮光，防止阳光直射。革胡子鲇卵较小，卵径 1.2～1.4 毫米，呈黄绿色。受精卵在 25℃～30℃水温下，经历 22～25 小时出膜。鱼苗出膜后应在原处暂养 5～6 天，然后移至鱼苗池进行培育。

五、泥鳅的人工繁殖

泥鳅为高蛋白质、低脂肪的水产营养佳品，是我国传统的外贸出口水产品之一。它具有适应性强、饲料来源广、易于养殖等特点，为庭院养殖和坑塘等小水面养殖的主要品种，是农村发展家庭副业，农民致富奔小康的一个好门路。

(一)繁殖习性

泥鳅一般为 2 冬龄达到性成熟，早的为 1 冬龄性成熟，成熟个体雌鳅大于雄鳅。体长 10～12 厘米的雌鳅，怀卵量为 0.7 万～1 万粒，15 厘米时怀卵 1.5 万粒左右，20 厘米时达 2.4 万粒。在长江流域以南地区，繁殖期为 4 月至 8 月上旬，产卵高峰期为5～6 月份，开始繁殖的水温为 18℃，最适产卵水温为 22℃～28℃，多在水田、池沼和沟渠有清流水的浅水草上产卵。卵分批产出，卵具微黏性，卵径 0.8～1 毫米，黏附在水草或水稻植株上孵化。受精卵在水温 24℃～25℃时，经 30～35 小时孵出鳅苗。刚出膜的鳅苗细小，长仅 3.7 毫米，呈透明的逗号状。孵出后 55～66 小时、体长达 5.3 毫米左右时，卵黄囊消失，开始主动摄食。

（二）亲鳅的培育

1. 亲鳅的选择与雌、雄鉴别 繁殖用亲鳅主要从稻田、池塘、沟渠中捕捉，也可从市场选购质量优良的个体。选 2 龄以上，雌鱼体长最好在 15～20 厘米、体重 30 克以上的雌鳅和体长 10 厘米左右，体重 10～15 克的雄鳅即可。要求体形端正，无病伤，体表黏液正常。雌、雄鳅比例为 1∶2～3。

雌、雄泥鳅很容易鉴别。雄鳅的胸鳍较长，末端尖而上翘，胸鳍第二鳍条基部有一骨质薄片，鳍条上有珠星；雌鳅胸鳍较短，末端圆钝呈扇形，胸鳍第二鳍条与第三鳍条基本等长，基部无骨质薄片和珠星。雄鳅背鳍末端两侧有肉质隆起；雌鳅无异样。生殖季节雌鳅腹部膨大柔软，略带透亮的粉红色或黄色，生殖孔大；雄鳅腹部扁平，挤压时有乳白色精液流出。已产过卵的雌鳅，腹鳍上方体侧留有一白色圆斑（即产卵记号），雄鳅和未产卵雌鳅则无此记号。

2. 亲鳅放养与投喂 已选好的亲鳅应进行专池培育，不能放在网箱或竹笼内，放养密度每 667 平方米不超过 200 千克。应经常投喂、施肥。泥鳅为营底栖生活的杂食性鱼类，在人工饲养下可投喂蝇蛆、黄粉虫、蚯蚓、动物内脏、鱼虾蚌肉等各种动物性饲料以及米糠、饼类等植物性饲料。

（三）自然繁殖与人工催产繁殖

1. 自然繁殖 每年春季当水温上升至 15℃以上，将亲鳅按比例放入产卵池，让其自然产卵孵化。产卵池可用小型水泥池、土池或在稻田、池塘、沟渠用网片围成 3 平方米左右的水面。消毒后注入新水，水深保持 30 厘米左右。每平方米放亲鱼 0.3～0.5 千克，如以雌、雄比 1∶2 为 1 组，即可放养 7～10 组。

当水温上升至18℃左右时，将消毒后的产卵鱼巢放入产卵池的中央和四周供亲鳅产卵附着。产卵时，雄鳅将身体缠绕在雌鳅前腹部位，完成产卵受精过程，产卵在20～30分钟内完成。水温为18℃～20℃时，一般在雨后或涨水时的晴天清晨或上午10时前产卵；水温为20℃～30℃时，多在雨后傍晚或半夜产卵。每尾雌鳅一般可产卵3 000～5 000粒。

鱼巢放入产卵池后要经常检查其上有无卵黏附，应将已黏满卵的鱼巢及时取出，转入育苗池孵化。由于受精卵黏性弱，极易脱落，操作时要小心。同时，放入新的鱼巢，让未产卵的亲鳅继续产卵。

2. 人工催产繁殖 人工催产时间要比自然繁殖晚1个月，待水温恒定在18℃以上时进行。应选择腹部柔软、色泽粉红略带半透明、有临近产卵征兆、完全性成熟的雌鳅催产。催产剂种类与剂量分别为：绒毛膜促性腺激素100～200单位/尾，鲤脑垂体0.5～1个/尾。雄鳅剂量减半。注射液用量每尾为0.2毫升。因泥鳅体表很滑，需用湿纱布包住鳅体，或用2%丁卡因药液麻醉后再注射。采用胸鳍基部腹腔或背部1次肌内注射。注射后，将亲鳅放在产卵池或网箱中蓄养。

雌、雄亲鳅注射催产剂后应分开蓄养，人工授精的关键在于准确计算效应时间。在水温为20℃左右时，效应时间为18～20小时；水温为23℃～24℃时，为11～12小时；水温为27℃时，为8～9小时；水温为28℃～32℃时，为6～8小时。检查亲鳅见有金黄色成熟卵挤出时应迅速进行人工授精。

采卵(精)和人工授精时均采用干法。如催产雄鳅挤不出精液，可剖腹取出精巢，剪碎研细后加入生理盐水(每尾鳅的精巢浆加40毫升)，制备成精子悬浊液后授精。授精宜在室内或无阳光直射的阴凉处进行。受精卵可黏附在鱼巢上或进行脱黏孵化。

(四)人工孵化

附卵鱼巢一般多用孵化网箱或孵化槽进行微流水孵化。如用静水孵化须经常换水,并尽量不移动鱼巢,避免振荡,以防受精卵落入水中。脱黏受精卵一般放在孵化缸或孵化槽内孵化,或将受精卵放入水深10～25厘米的容器中静水孵化,每10升水放受精卵5 000粒左右,每日换水2次(水温要尽量接近)。泥鳅卵孵化用水要清新,无污染,溶解氧量丰富(6～7毫克/升),pH值为7～8。

泥鳅受精卵孵化适宜水温为20℃～28℃。在最适水温(24℃～25℃)孵化时,30～35小时可出膜;在水温为27℃～28℃时,25～30小时出膜。刚孵出的鱼苗,借吻端黏着器官使身体悬挂在鱼巢上,此时不要急于取出鱼巢,应继续让鱼苗在原处缓流暂养,待大部分鱼苗卵黄囊消失,每10万苗每日投喂熟蛋黄1个。控制好水温与水质,若水质不好,每天需换水1～2次,操作时要小心,避免鱼苗流失或死亡。连续投喂2～3天后,即可转入育苗池培育。

思考题

1. 什么是鱼巢?怎样制作产黏性卵鱼类的鱼巢?
2. 如何用泥浆或滑石粉进行鲤受精卵脱黏?
3. 异育银鲫是怎样繁育的?
4. 如何培育团头鲂亲鱼?
5. 如何进行革胡子鲇干法人工授精与脱黏卵的静水孵化?
6. 如何进行泥鳅自然产卵繁殖?

第六章　石砾、沙底产卵鱼类的人工繁殖

将卵产在河流底部的岩石上、石砾下或沙质地段的鱼类，卵为沉性，一般具黏性，黏在石砾上和沙底孵化。本章将重点介绍几种在石砾、沙底产卵的淡水名特养殖鱼类的人工繁殖方法。

一、大口鲇的人工繁殖

大口鲇是我国长江以南地区特有的一种大型体质经济鱼类。肉细嫩、味鲜美、无肌间刺，是宴席上的佳肴。具有生长快、适温广、抗病力强、易捕捞、养殖周期短等优点。近几年来，大口鲇养殖产业发展迅速，正在全国大力推广。

(一)繁殖习性

大口鲇 4 龄以上的雌鱼、3 龄以上的雄鱼已全部达性成熟。最小成熟雌鱼体长为 66.5 厘米、体重 2.61 千克；雄鱼体长 52.5 厘米、体重 1.25 千克。人工饲养的大口鲇一般比天然水域的要早 1 年性成熟。绝对怀卵量一般为 2.7 万～4.3 万粒，体长 117 厘米的个体可达 10.9 万粒。相对怀卵量 5～10 龄鱼为 9.2～17.3 粒/克体重，平均每千克亲鱼可产卵 1 万粒左右。

大口鲇的繁殖季节比四大家鱼早 1 个月左右，在长江中上游地区为 3 月下旬至 6 月份。繁殖水温为 15℃～26℃，最适水温为 20℃～23℃。喜在水面较宽阔、底质为卵石或沙质的急流浅滩江段产卵。产卵场水深 0.4～1.5 米，流速 0.7 米/秒左右。产卵前雌、雄亲鱼相互激烈追逐与咬斗，一般在凌晨产卵。

产出的卵呈油黄色，卵径 2.1 毫米左右，为沉性卵，在水流较

缓处沉入水底，具黏性，受精卵黏着在卵石、沙粒或石缝中孵化发育。在水温为 22℃～25℃时，经 40 小时孵出鱼苗。刚孵出的鱼苗为橙黄色，侧卧于水底，2～3 天后可自主游泳并开始摄食。

（二）亲鱼的培育

1. 亲鱼的选择与雌、雄鉴别　繁殖用亲鱼可从江河中收集野生个体，或从人工养殖中挑选。一般采取野生亲本与人工养殖亲本异性配组繁殖。野生亲本应选 4 龄以上的个体。雌性体重一般在 7.5 千克以上，最好为 10～20 千克；雄性体重在 5 千克以上，最好为 7.5～12.5 千克。在长江上游地区的亲本要小一些。

雄性个体的胸鳍棘粗短，后缘有锯齿状突，性成熟时多为 10 枚左右，排列如梳齿状，齿突较大者，性腺发育一般也较好；雌性个体的胸鳍棘较细长，其后缘无锯齿突。在生殖季节，雄鱼胸鳍稍尖、硬棘具锯齿，腹部稍窄，生殖突尖而长；雌鱼胸鳍椭圆、硬棘光滑，腹部膨大，生殖突短并扩张、呈紫红色。

2. 培育池与亲鱼放养　培育池应建在水流充足、水质良好、注排水方便的地方。面积以 1 500～2 000 平方米为宜，水深 2 米左右。池底少淤泥或为硬底质。每 1 000 平方米放亲鱼 100～120 尾，重 150～200 千克。大口鲇在培育过程中体重会不断增加，若开始放养密度偏大，后期会因亲鱼体重增加而影响亲鱼培育效果。为调节水质，一般在亲鱼池中套养 10～15 厘米的鲢、鳙鱼种200～300 尾。

3. 投喂与管理　大口鲇为底栖、凶猛的肉食性鱼类，以鲤、鲫、鲴类、泥鳅、麦穗鱼、鰕虎鱼等为食，在人工饲养下也食螺肉、动物尸体、禽畜内脏等。亲鱼饲养目前一般采用投喂鲤、鲫、鲢、鳙和小杂鱼等活鱼的方法，一次放足。其中以鲤和鲫作亲鱼饵料效果较好，易被捕食，且鲤、鲫性成熟早，体内鱼卵营养丰富，含有大量性激素，能促进亲鱼性腺发育与成熟。一般饵料鱼个体大小在250～

750 克，放养量为亲本总重量的 3～4 倍。

大口鲇对水质要求较高，溶解氧一般在 4 毫克/升以上，要定期冲水，改善水质，以防亲鱼浮头。夏季每隔 7～10 天冲水 1 次，秋季每隔 10～20 天冲水 1 次，春季每隔 7 天左右冲水 1 次。在产卵前 1 个月要加大冲水量，可每天冲水 1 次，增加流水刺激。每次冲水量为池塘水量的 1/5 左右。平时要定期检查拦鱼设施，以防亲鱼逃逸。

(三)人工催产

1. 催产池和催产亲鱼选择 催产池可借用四大家鱼繁殖用产卵池，也可采用水泥池或在水体中架设网箱。人工授精用的催产池一般采用小型水泥池或用网隔成 3 米×2 米的小池，池水深为 50～60 厘米，每个池只放 1 尾亲鱼，因大口鲇发情时要追逐厮咬，故亲鱼须单独暂养。在池上面加盖罩网，以防亲鱼跳跃逃出。

人工催产一般 3 月底至 4 月初即可开始，适宜水温为18℃～24℃。催产时选择腹部膨大、松软、有弹性，仰腹时卵巢轮廓明显，生殖孔红肿的雌鱼和轻压腹部生殖孔处有精液流出的雄鱼催产。

2. 注射催产剂 催产以 2 种激素混合使用效果较理想。注射剂量：在繁殖盛期，雌鱼每千克体重注射绒毛膜促性腺激素 2 500 单位和鲤脑垂体 1 个；在繁殖早期应适当增大剂量，可注射绒毛膜促性腺激素 3 000 单位和鲤脑垂体 1.5 个。若单独使用绒毛膜促性腺激素，剂量为 3 500 单位/千克体重。通常采用 2 次注射法，第一针为总剂量的 1/3，隔 8～12 小时后注射第二针。雄鱼剂量减半。

1 次注射法和 2 次注射法催产激素的效应时间与人工授精时间见表 6-1。

表 6-1　效应时间与授精时间

水温(℃)	1次注射法		2次注射法	
	从注射至发情时间(小时)	从注射至授精的有效时间(小时)	从注射至发情时间(小时)	从注射至授精的有效时间(小时)
17～19	16～21	21～24	11～12	12～13
20～21	14～16	16～18	10～11	11～12
22～23	12～14	14～16	9～10	10～11
24～25	10～12	12～14	8～9	9～10
26～27	8～10	10～11	6～7	7～8

3. 自然产卵与人工授精

(1)自然产卵　催产前在产卵池或孵化环道底部铺上聚乙烯网片等鱼巢，然后将注射后的亲鱼放入，不停地冲水，进行微流水刺激，直到产卵结束。在流水中，亲鱼发情产卵时间比在静水中要提前 2～3 小时。雌、雄鱼比例为 1∶1～2。待产卵全部结束后，将鱼巢移到静水环境中孵化。

(2)人工授精　在达到效应时间前 1～2 小时要检查亲鱼，因大口鲇排卵后受精的有效时间较短，故在效应时间前后每小时应检查 1 次有无排卵。大口鲇雄鱼精液较少，但精液里的精子含量高，可在人工授精前提前采精。采精前先将鱼体尿液排干净，采集的精液用 5～10 倍的精子保存液稀释，放入 4℃冰箱里待用。也可在雌、雄亲鱼发情后同时采卵和采精。一般将受精卵铺在 0.8 米×0.5 米的 40 目聚乙烯网片上，用静水孵化。

4. 产后亲鱼的护理　大口鲇为无鳞鱼，经网捕、搬运、注射、产卵后，往往出现皮肤擦伤、鳍条撕裂、体表黏液过多分泌、委靡等症状。因此，在繁殖操作中应特别细致，对产后亲鱼进行必要的护理。在鱼体受伤处用达克宁软膏涂抹，并注射青霉素 10 万单位/

尾，以免引起产后亲鱼大量死亡。

(四)人工孵化

受精卵静水孵化效果好，每立方米水体放卵 2 万～3 万粒。如有充气条件或微流水，放卵密度可适当加大。孵化用水要清新，溶解氧量不低于 5 毫克/升，酸碱度适宜，无敌害生物。孵化水温一般为 17℃～25℃，最适水温为 20℃～24℃。水温超过 25℃时，胚胎的畸形率高达 50%以上；低于 17℃时，水霉菌大量孳生，孵化率很低。因此，在孵化过程中要保持水温相对稳定，在低温季节注意保温，在高温季节注意降温。同时，要遮光防止紫外线直射。

大口鲇孵化水温与鱼苗出膜和开口摄食时间见表 6-2。

表 6-2　大口鲇孵化水温与鱼苗出膜和开口摄食时间

水温(℃)	从受精至出膜时间(小时)	从出膜至开口摄食时间(天)
17～19	110～120	4～5
19～20	90～100	3～4
21～22	80～90	2～3
22～24	40～60	1.5～2
24～26	30～40	1～1.5

二、胭脂鱼的人工繁殖

胭脂鱼为我国特有的一种珍稀鱼类，被列为国家二级重点保护动物。其色彩鲜艳，体形奇特，为观赏鱼珍品，被誉为“亚洲美人鱼”。同时，还具有较高的食用价值。因其性情温驯、食性广、生长快、抗病力强、起捕率高，目前已成为池塘养殖的名特品种。

(一)繁殖习性

胭脂鱼主要分布于长江水系，为温水性河川大型鱼类。性成熟年龄，雌鱼为 6 龄，雄鱼为 5 龄（个别为 4 龄）。成熟时雌鱼的卵巢重一般占体重的 7%～11%，体重 10 千克的雌鱼绝对怀卵量约 15 万粒。

繁殖季节一般在 3～4 月份，具溯河产卵习性，当水温稳定在 13℃以上时，开始上溯到江底满布砾石、含氧量高的急流中产卵。产卵活动与洪水有很大关系。产卵适温为 14℃～22℃，最适温度为 18℃～20℃。

产出的卵为姜黄色，卵径约 2.1 毫米。为沉性卵，卵具弱黏性。产出初期受精卵常黏附于水底石块等基质上，稍晚（受精后 3～4 小时）黏性消失，在石砾缝隙中发育成浮性鱼苗。胭脂鱼不能在池塘中自然繁殖，因此养殖苗种需通过人工繁殖获得。

(二)亲鱼的培育

1. 亲鱼的选择与雌、雄鉴别　亲鱼一般从江河中捕捞移养，或从幼鱼中选择个体大的逐年培养成后备亲鱼。亲鱼应选择 6 龄以上的雌鱼和 5 龄以上的雄鱼，一般每尾重 10 千克左右。

在产卵期，性成熟的雌、雄个体，在体侧两边从吻部至尾部各具有 1 条鲜红色纵条纹，称婚姻色，产卵后逐渐消失。雌、雄鱼的臀鳍和尾鳍上都出现有白色的珠星。但雄性珠星颗粒大且突起，有粗糙刺手感；雌性珠星为小颗粒且不很突出，手触较光滑。雄鱼轻压腹部有乳白色精液流出；雌鱼腹部膨大而柔软，泄殖孔红肿。

2. 培育池与亲鱼放养　培育池以面积为 667～1 340 平方米、水深 1.5～2 米为宜，要求水质好，注排水方便，放鱼前应清池消毒。

放养密度一般每 667 平方米放尾重 7～10 千克的亲鱼 10～15 尾，雌、雄比为 1∶2。可适当配养鲢、草鱼，以控制水质。忌放鲤、鲫等杂食性鱼。

3. 投喂与管理　胭脂鱼为底栖鱼类，在自然条件下以底栖无脊椎动物为食，主要摄食软体动物与水生昆虫，也食泥中有机物质、附生藻类与植物碎片。人工培育可投喂水蚯蚓、陆生蚯蚓等活饵料。分散定点投喂在池底距池埂1～2米处，投饵率1%～5%。也可适量投喂螺蚌肉、切碎的小鱼虾和禽畜内脏，日投喂量为鱼体总重的5%～25%，具体根据水温和摄食情况来增减。经驯养的鱼，可投粗蛋白质含量为35%以上的软性配合饲料，并适当撒一些菜饼、麸皮至池底，以培养底栖动物供亲鱼摄食。

严禁施肥，注意调节水质，经常加注新水，保持水质清新，溶解氧充足。

（三）人工催产与人工授精

1. 催产亲鱼的选择 人工催产宜在3月中旬至4月下旬、水温达16℃～20℃时进行。用于催产的雌鱼以选择珠星多且分布面宽，婚姻色艳丽，前后腹部膨大、柔软，生殖孔充血肿大的为好；雄鱼用手轻压腹部有精液流出即可。

2. 注射催产剂 对雌亲鱼采取微量诱导、分次注射的方法，一般使用鲤、鲫的脑垂体、促黄体素释放激素类似物和绒毛膜促性腺激素混合注射。雌鱼每千克体重剂量为：鲤脑垂体1.5个、促黄体素释放激素类似物34微克、绒毛膜促性腺激素650单位。通常采用3次注射法：第一针注射鱼类脑垂体和促黄体素释放激素类似物为总剂量的1/10；42小时后注射第二针，为总剂量的1/5；再过26小时，第三针注射鱼类脑垂体与促黄体素释放激素类似物余量和绒毛膜促性腺激素。雄鱼在雌鱼注射第二针时注射，每千克体重剂量为鱼类脑垂体3个、促黄体素释放激素类似物10微克。

效应时间在水温14℃时为72～73小时，在水温16.5℃～17.5℃时为24～25小时。

3. 人工授精 准确掌握采卵时间是人工授精成功的关键。在效应时间快到来时，要进行检查，发现有卵流出时，应立即进行人工授精。人工授精采用干法与半干法，采卵和采精可同步进行，将精、卵挤入脸盆中，用羽毛搅拌1分钟左右，使精、卵混合充分即可完成受精过程。由于胭脂鱼不能一次排完全部成熟卵，要间隔一段时间分多次才能排空，故采卵要多次才能完成，一般每隔2小时挤卵1次，共采卵2～6次。

胭脂鱼刚产出的卵，粒圆膜厚，稍带黏性。受精卵可用含有微细泥沙的水反复冲洗几次脱黏；也可将卵倒入盛有奶粉水溶液的盆中，用羽毛搅拌1～2分钟，然后用清水漂洗1～3次，即可脱黏。

(四)人工孵化

脱黏的受精卵通常采用孵化槽、孵化环道或孵化缸等进行流水孵化，也可采用静水网箱孵化。孵化用水要求过滤，以防剑水蚤进入，保持水质清新，溶解氧量在4毫克/升以上。整个孵化过程应避免强烈光照。水温要保持稳定，一般控制在16℃～20℃，有条件的地方最好将水温控制在19℃～20℃。用静水网箱孵化时，每隔2小时应搅动箱内卵粒，防止卵粒堆积过久而窒息死亡。要注意预防水霉病，孵化设施事先用高锰酸钾溶液(浓度为10克/立方米)或5%～7%食盐水消毒。受精卵在原肠期以前每天用高锰酸钾溶液(5克/立方米)浸洗5～10分钟，要及时剔除霉卵和卵膜，以免使水质变坏，感染其他好卵。

胭脂鱼受精卵孵化时间较长，当水温在14℃～17℃时，需孵化9天左右鱼苗才能出膜；当水温为18℃～20℃时，6天可脱膜出苗。刚出膜的鱼苗体细长、透明，全长8～10毫米，静卧于水底，经6～7天开始活动，进入混合营养阶段，此时为鱼苗的敏感期或危险期，需特别精心仔细地管理。可将快孵出鱼苗的受精卵转到底部光滑的暂养池(或孵化槽)中暂养，让其孵出鱼苗。要调整合适的进水流量，充气增氧，将暂养池水温控制在18℃～26℃范围内。鱼苗孵出后第六天起，可开始投喂少量熟蛋黄，随后可投喂轮虫、枝角类等饵料。每天排污，加强水体交换。经过 10～14 天的暂养期、体长达 14～16 毫米时，鱼苗已能平游，安全度过了敏感期，此时可将鱼苗转入培育池培育。

三、长吻鮠的人工繁殖

长吻鮠是我国长江水系特有的名贵经济鱼类之一。因其肉质细嫩肥美、无细刺和体鳞，被视为淡水鱼中的珍品。尤其是硕大的鳔，干制成“鱼肚”，更是享誉中外的名贵佳肴。目前，在全国大部分地区已推广养殖，均获得了良好的经济效益。

(一)繁殖习性

长吻鮠属江河底层鱼类，常栖息在流急水深的乱石处。性成熟年龄一般为 4 龄，初次达性成熟的最小个体为 3 龄，雌鱼体长 47 厘米，体重 1.5 千克。绝对怀卵量为 1.7 万～10.7 万粒。产卵季节在长江中下游江段为 5～6 月份。最适产卵水温为 23℃～27℃，卵分批产出，为黏性卵。成熟卵呈黄色，卵径为 1.7～2.5 毫米。

(二)亲鱼的培育

1. 亲鱼的选择与雌、雄鉴别 一般从江河天然产卵场捕捞性成熟的野生长吻鮠作亲鱼，或选用往年蓄养的亲鱼，或从人工饲养的商品鱼中选留后备亲鱼。最好选 5 龄以上、体重 2.5 千克以上已达性成熟的个体。要求个体大，体质健壮，无病无伤。

性成熟的个体，在生殖季节，雌、雄外形上有明显区别。雄鱼有发达尖长的泌尿生殖突，通常可达 1 厘米左右，呈桃红色，但不易挤出精液；雌鱼生殖突较短，通常在 0.5 厘米以内，生殖孔宽而圆、色泽红润。性成熟较好的雌鱼，腹部松软膨大富弹性，仰腹时卵巢轮廓明显。

2. 培育方法 从江河捕获的亲鱼，如性腺发育较好，可择时进行催产，不够成熟的可放入池中继续培育。往年蓄养的亲鱼，应加强培育，促其成熟。亲鱼培育宜在水流条件较好的池塘里进行，要求溶解氧量高于 5 毫克/升，pH 值以 7.5～8.5 为好。

长吻鮠为温和的肉食性鱼类，成鱼主要摄食各种小野杂鱼和小虾，也食水生昆虫、蚯蚓和底栖无脊椎动物。经过驯化的长吻鮠也喜食人工颗粒配合饲料。人工培养以投喂小杂鱼较好。按“四定”投喂法，投喂充足的饲料，以确保亲鱼性腺发育所需的营养。

要注意做好日常管理，适时开动增氧机增氧，防止亲鱼浮头。定期加注新水，增加水流刺激，促使亲鱼性腺发育成熟。

(三)人工催产

1. 亲鱼配组 人工催产宜在水温达 20℃～28℃时进行。催产的雌、雄比例，若采用自然产卵受精，可按 1∶1.5～2 配组；若用人工授精，雌、雄比可为 3～5∶1。

2. 注射催产剂 催产剂可用鲤脑垂体或促黄体素释放激素类似物，剂量为雌鱼每千克体重注射鲤脑垂体 0.5～1.5 个或促黄体素释放激素类似物 30～45 微克。雄鱼剂量减半，或为雌鱼的 2/3 左右。一般采用 1 次注射法，若采用 2 次注射法，第一针可为总剂量的 1/5～1/4，两针间隔为 10～12 小时。效应时间在水温为 21℃～23℃时为 21～22 小时，水温为 26℃～28℃时为 14～18 小时。

3. 自然产卵与人工授精 将注射激素的配组亲鱼放入已布置好鱼巢(用聚乙烯网片)的产卵池中，加大流水刺激，亲鱼便可自行产卵、排精。产卵后将亲鱼捕出，让受精卵留在原产卵池中孵化。由于自行产卵受精效果较差，目前生产上大都采用人工授精的方法获得批量鱼苗。

人工授精要注意观察亲鱼发情动态，一般在达到效应时间亲鱼开始发情后2小时左右授精效果较好，受精率可达90%以上。多采用干法人工授精，将精、卵充分混合，一般搅拌15～20分钟后徐徐加入少许清水，即可完成受精过程。初次性成熟的雌鱼，每尾的产卵量不足1万粒。

(四)人工孵化

1. 孵化方法 自然产卵可将附卵鱼巢留在原产卵池采用微流水孵化，在出水口处安设固定纱窗，以免孵出的鱼苗流失。人工授精卵可用聚乙烯网片黏附鱼卵后，放在室内或室外孵化。室外孵化主要是采用长方形浮动小网箱(0.8米×0.5米×0.4米)，将网箱排列并固定在水面上，箱底网衣要绷平，以免孵出的鱼苗堆积窒息死亡。也可将附卵网片先置于微流水孵化槽中进行孵化，当胚胎发育到胚体扭动前期时，再将附卵网片移到网箱中继续孵化。同时，应剔除死卵，直到鱼苗出膜。室内孵化控温条件优越，可大大提高孵化率。

受精卵也可采用脱黏孵化，孵卵密度一般不宜过大。不脱黏孵化时放卵密度为每立方米水体10万～20万粒，脱黏孵化时每立方米水体放卵20万～50万粒。

2. 孵化管理 孵化用水要清新，溶解氧量在7毫克/升以上，可充气增氧，pH值在8左右。整个孵化过程都应在流水环境中进行，流速控制在0.2～0.5米/秒。适宜规模生产的孵化水温为17℃～28℃，最适水温为23℃～25℃。孵化管理工作与四大家鱼卵的孵化大同小异，同时要避免敌害和强烈日晒。

受精卵在孵化水温为17℃～20℃时，需90～112小时出膜；在水温为21℃～23℃时，需60～72小时出膜；在24℃～26℃时，需44～50小时出膜；在27℃～28℃时，需24～40小时出膜。刚孵出的鱼苗全长6～6.2毫米，体无色透明，形似蝌蚪，黏附在附卵鱼巢上。当取出附卵鱼巢后，鱼苗则群集在网箱的阴暗处。孵出5天后的鱼苗，可投喂煮熟的蛋黄。在鱼苗全长达11.4～12毫米时，已能主动向外界摄取食物，此时应立即下池进行鱼苗培育。

四、匙吻鲟的人工繁殖

匙吻鲟原生活在北美洲的一些大型河流中。其幼鱼形状奇特，为名贵的观赏鱼，尤其是匙吻鲟的卵加工成鱼仔浆，价格昂贵，被称为“黑色金块”。1988年我国首次从美国引进鱼苗养殖，现已推广到全国10多个省、直辖市，取得了良好的经济效益。

(一)繁殖习性

匙吻鲟为一种大型的敞水性淡水鱼类。性成熟年龄较晚，雄鱼一般7～9龄达性成熟，雌鱼多为8～10龄达性成熟，个体重量每尾在10千克以上。成熟后间隔3～5年才产卵1次。怀卵量大，成熟的卵巢一般占体重的15%～25%，相对怀卵量为每千克体重3 500粒。成熟的卵呈灰黑色，卵径为2～2.5毫米。

产卵季节在3月底至6月初。在自然条件下有长距离溯河洄游的繁殖习性，水温达10℃左右时开始上溯。当水温达15.6℃以上时，常在淹没的砾石沙滩处产卵，产卵的适宜河水流量为340～680立方米/秒。卵为沉性卵，具黏性，受精卵常黏附在河底沙滩、石砾上孵化。当水温在16℃时，一般经历6～7天可孵出鱼苗。

(二)亲鱼的培育

1.亲鱼的选择与雌、雄鉴别　人工繁殖用亲鱼一般采集于水库或池塘中养成的性成熟个体。亲鱼应选择已达性成熟，年龄在8～10龄以上，体重10～15千克以上，无病无伤、体质健壮的个体。一般体重在18千克左右的雌鱼催产繁殖率高。

匙吻鲟亲鱼无明显的第二性征。在生殖季节，性成熟的雌鱼一般个体较大，腹部膨大，且生殖孔附近肿胀、充血、稍松弛；雄性个体较小，一般在头部有较多的突起。

2. 培育方法 亲鱼培育池以面积为 2 600～5 300 平方米、水深 1.5 米以上为宜。应靠近水源，注排水方便。按常规进行清池消毒，并施放基肥。放养密度可控制在每 667 平方米 12～15 尾，重量 200 千克左右。

匙吻鲟食性与鳙相似，为滤食性鱼类，终生主要以浮游动物为食。亲鱼培育可通过施肥，保持池水一定肥度，增殖大量浮游动物供亲鱼摄食。同时，适当投喂如浮游动物一般大小的浮性配合饲料。饲料蛋白质含量不低于 40%，并添加多种维生素、矿物质和卵磷脂，饲料要新鲜，投喂率可控制在 2%左右。匙吻鲟喜在夜间摄食，夜间可投喂总饲料量的 40%。

要注意及时更新池水，保证池水“肥、活、嫩、爽”；适时开增氧机增氧，保持溶解氧量在 6 毫克/升以上；定期用生石灰（水深 1 米，每 667 平方米用 15～20 千克）、敌百虫（0.25～0.3 克/立方米）等药物全池泼洒消毒，预防鱼病发生。开春后，要勤冲水，保持一定的水流刺激，促进亲鱼性腺发育。

（三）人工催产

1. 催产季节与亲鱼配组 华中地区每年 3 月下旬至 4 月上旬，当水温恒定在 15℃以上时，可进行人工催产。催产水温最好为 16℃～18.5℃。雌、雄鱼比例为 2∶1。

2. 注射催产剂 催产剂一般选用鱼类脑垂体和促黄体素释放激素类似物。最好为冷冻的匙吻鲟脑垂体，即将取出的匙吻鲟脑垂体，用干冰迅速冷冻在－17.8℃保存，使用时解冻。注射剂量，雌鱼每千克体重为匙吻鲟脑垂体 2 个，雄鱼减半。采用 1 次腹腔注射，可达 65%以上的催产效果。若使用促黄体素释放激素类似物，剂量为每千克雌鱼体重6～10微克，雄鱼减半。通常用2次注射法，第一针为总剂量的1/10，第二针注射余量，注射间隔为12～15小时。

效应时间：注射鱼类脑垂体通常在18～24小时内产卵；注射促黄体素释放激素类似物为12～14小时。

3. 自然产卵与人工授精　匙吻鲟为间歇性产卵鱼类，每隔20～30分钟产卵1次，从开始产卵至产卵结束需8～10小时。

人工授精时，将注射激素的雌、雄亲鱼分池暂养，给予流水刺激，待到达效应时间，轻压雌鱼腹部有卵粒流出时，即可用手推法取卵。采卵可掌握在1.5小时内，同时用挤压法采精。一般用半干法进行人工授精，每千克鱼卵用10毫升精液，将精液用无菌水稀释200倍后放入鱼卵中，均匀搅拌并漂洗干净，鱼卵受精后脱黏孵化。也可用干法授精，将所采的成熟卵置于内壁光滑的容器中，先加入适量精液搅匀，随后加入少量清水继续搅拌3～5分钟，漂洗后加入新鲜水，即可获得受精卵。

受精卵脱黏的操作方法：将受精卵放入滑石粉或黄泥浆悬液中，轻轻搅拌，以卵不黏附于容器且沉入底层为宜，使卵全部呈分散颗粒状。每20分钟换1次脱黏液，累计搅拌40～50分钟后卵即失去黏性。将脱黏的受精卵用水冲洗后转入孵化器中进行流水孵化。

（四）人工孵化

孵化多在孵化缸中进行，采用微流水，使缸中鱼卵不停翻滚，放卵密度为每立方米水体100万～150万粒。孵化温度应控制在16℃～22℃。水温低于11℃将大大降低孵化率和成活率，高于24℃为孵化的亚致死温度。孵化中要防止水霉菌感染，可用2%～5%食盐水或5毫克/升高锰酸钾溶液处理。在水温为18.3℃时，孵化时间为5～7天。

思考题

1. 如何培育大口鲇成熟亲鱼?
2. 性成熟的雌、雄胭脂鱼在生殖期体征上有何特点?
3. 试述长吻鮠未脱黏受精卵的孵化要点。
4. 匙吻鲟的性成熟年龄与产卵周期有何特点?

第七章 筑巢产卵鱼类的人工繁殖

许多鱼类产卵前有筑巢的习性，筑巢的材料与方式多种多样。本章主要介绍淡水中几种重要的筑巢产卵名特养殖鱼类的人工繁殖技术。

一、乌鳢与斑鳢的人工繁殖

乌鳢和斑鳢统称为乌鱼，为营养丰富、肉味鲜美的高级保健食品，在医药上具有生肌补血、收敛的作用，是我国外贸出口的重要水产品。乌鱼具有生命力强、生长快、疾病少、活鱼运输方便等特点，不少省、自治区、直辖市推广在成鱼池套养乌鱼，取得了显著成效。

（一）繁殖习性

乌鳢主要分布在长江流域及其以北的大部分地区，斑鳢主要分布在长江流域以南。性成熟年龄，沿长江流域的乌鳢一般为2冬龄、体长30厘米左右即可成熟产卵。在华南地区的斑鳢为1冬龄、体长20厘米左右、体重130克以上即能繁殖。一般个体怀卵量为1万～3万粒，最大怀卵量为5万～6万粒。

乌鳢的产卵期在华中地区为5～8月份，以6月份产卵最盛。斑鳢在两广地区为4～7月份，高峰期为4月中旬至5月份。产卵活动通常发生在黎明前的静寂时刻，喜在湖边、塘堰、沟渠等近岸水草繁茂、底为淤泥、静水背风的浅水区产卵。产卵水温为18℃～30℃，最适产卵水温为20℃～25℃。

乌鱼为对后代进行保护的营巢草上产卵鱼类，卵产在用植物碎片筑的浮在水面的巢上，卵为浮性。卵产出后，亲鱼在巢下面或附近守护，直到鱼苗孵出并长至4～6厘米时，才结束护幼工作。

(二)亲鱼的培育

1. 亲鱼的选择与雌、雄鉴别 每年冬季在四大家鱼亲鱼混养池，干塘时收集达性成熟年龄的乌鱼，或在繁殖季节前1～2个月，到天然池沼中收集野生乌鱼。乌鳢宜选择2龄以上、体重0.5～1.5千克的个体，斑鳢可选1龄以上、体重150克以上的个体作亲鱼。要求体质健壮、无病无伤。

乌鱼雌、雄个体没有明显的第二性征差异，在非生殖季节外形上有时难于区别。在生殖季节，成熟乌鳢雄鱼胸、腹部呈灰黑色，腹鳍到生殖孔间有明显的较深黑的大斑纹，腹部较小，生殖孔狭小微凹；雌鱼胸鳞白嫩微黄，腹部呈灰白色或淡黄白色，腹鳍至生殖孔间无黑色斑纹或不明显，腹部较大，生殖孔较大而圆、稍突出。斑鳢的雌、雄鉴别与乌鳢相似，雌鱼背鳍上斑点较大且模糊、不规则，呈半透明至淡黄色，尾鳍有两列黑斑；雄鱼背鳍有白色小圆斑，自下而上排列整齐，尾鳍有3列以上的黑斑。

2. 培育池与亲鱼放养 培育池面积一般以200～350平方米、水深0.8～1米为宜。池底最好有15～20厘米厚的淤泥，池埂高出水面40～50厘米。池中养少量水浮莲等水草，以适应乌鱼栖息。

亲鱼放养，大规模生产苗种时，在繁殖前2～3个月，将选好的亲鱼放入培育池中，每667平方米放乌鱼100～150千克，最多不超过200千克(200～250尾)。雌、雄亲鱼的放养比例为1∶1。

3. 投喂与管理 乌鱼为营底栖生活的凶猛肉食性鱼类。培育期间应经常投喂一些小杂鱼、虾、蝌蚪之类作亲鱼饵料。日投喂量为鱼体总重的5%～8%。开春后，应增加活饵料的投喂量，以促进性腺发育。适当注水，保持良好水质。

(三)池中自然产卵

在人工饲养条件下,可创造和模拟与自然繁殖相当的环境条件,让其在人工设置的乌鱼繁殖池中自行产卵受精,再将受精卵捞出孵化。

1. 产卵池与产卵亲鱼放养 产卵池面积一般为100～200平方米。池底分深、浅两部分,深处1米,浅处30厘米。池堤周围用竹、尼龙网等材料加高30～40厘米。池内种植水草,水质以透明度较大的清瘦水为好,四周环境应保持安静。也可让乌鱼直接在亲鱼培育池中产卵。

每平方米放产卵亲鱼1～2尾,雌、雄鱼配比为1∶1。每天给每尾亲鱼投放小杂鱼25克左右供摄食,不宜过多,以防亲鱼过肥,影响产卵。

2. 设置鱼巢 产卵池应投放水草如金鱼藻等,以备亲鱼自行营巢。产出的卵密集地浮在水草所围绕的巢的空隙或草垫的表面,成对亲鱼潜伏在巢下面或巢附近,保护鱼卵。

3. 采集受精卵 在繁殖季节,每天早晨应巡视产卵地周围的草丛,一旦发现有浮于水表的乌鱼卵,应及时用勺子捞起,移入孵化器或孵化池中孵化。采卵后的鱼巢可继续使用。

(四)人工催情产卵

1. 催产季节与性腺成熟度鉴别 华中地区乌鳢催产宜在5月下旬至6月中旬进行,大批催产宜在6月上旬、水温达25℃～28℃时进行。福建省以5月上旬至6月中旬、水温达26℃～31℃时为斑鳢适时的催产季节。

成熟度好的雌性个体,腹部膨大、松软,胸部丰满圆滑,卵巢轮廓明显,生殖孔微红外突。挖卵观察,卵呈橘黄色或橘红色,大小均匀,晶莹饱满。雄鱼因精巢较小,一般难以挤出精液,在生殖季节只要达性成熟年龄的个体即可选用。

2. 注射催产剂 使用单一激素催产：每千克雌鱼注射鲤脑垂体 12～18 毫克，或绒毛膜促性腺激素 1 600～2 000 单位。用混合激素注射：乌鳢每千克雌鱼为鲤脑垂体 6 毫克、绒毛膜促性腺激素 1 000～1 600 单位；或促黄体素释放激素类似物 40～90 微克、绒毛膜促性腺激素 200～400 单位。斑鳢用鲢、鳙脑垂体 14 个，配合合成激素 1 单位。在生产上一般以使用混合激素注射较好。雄鱼剂量减半，也可适当加大注射剂量。

通常在繁殖早期成熟度较差时，采用 2 次注射法，第一针剂量为总剂量的 1/5～1/3，注射间隔一般为 12～24 小时。繁殖盛期成熟度好，可采用 1 次注射法。雄鱼一般在雌鱼注射第二针时注射。多采用体腔注射，将亲鱼放在大盆或布夹中，用毛巾包住鱼头，防止滑动，操作时动作要快。应选择天气晴好时催产。

3. 配对与自然受精 亲鱼注射第一针后，雌、雄亲鱼宜分开暂养。第二针注射后，将雌、雄亲鱼配对放入产卵容器中。配对方式有 2 种：一种为对配(单配)，即在一小型产卵容器内只放 1 对个体大小相近的亲鱼。另一种为群配，按 1∶1 的雌、雄鱼比例，将一定对数(2 对以上)的亲鱼放入产卵池中。

产卵容器用水缸、木盆、帆布桶、小网箱、1～4 平方米的小水泥池或土池以及孵化环道均可。保持水深 40～80 厘米，在产卵容器内投放一些水草，上面加盖网片等遮光，同时避免亲鱼跳出产卵容器外。试验表明，水温相同时，小容器对配产卵比大池多对群配产卵要好，每组平均产卵数对配组为群配组的 1.5 倍以上。

一般在注射第二针、亲鱼配对后 14 小时左右开始发情产卵。水温在 25℃～30℃时，乌鳢为 7～37 小时(多为 15～20 小时)开始产卵。斑鳢在水温为 25℃～32℃时，8～10 小时开始产卵。对配的鱼其效应时间相对提早，整个产卵过程需 12～24 小时方可完成。一般在产卵盛期，催产率在 85%以上，受精率达 90%。

产卵量计数采用逐粒点数法，也可用容积法或称量法。经统计，乌鳢1克吸水后的卵为178粒左右。经催产的乌鳢，体重为0.4～1.2千克的雌鱼，每窝的产卵数变动范围为5 013～10 680粒。平均体重858克的雌鱼，平均产卵数为8 237粒。

（五）人工孵化

1. 受精卵的区别特征　乌鳢卵为浮性卵，成熟卵直径1.55～1.91毫米，内有1个大油球。受精卵呈金黄色，透明晶莹，卵膜吸水膨胀后卵径1.64～2.07毫米。随胚胎发育进展，卵色逐渐变灰，最后呈深灰色。未受精卵逐渐变为蛋黄色，最后变为白色不透明状，两者极易区分。当水温在25℃～28℃时，经10～14小时，肉眼可清楚地分辨。斑鳢卵在水温为20℃～28℃时，需15～20小时方能显著区分。

2. 孵化方法　用鱼盘将受精卵捞出，集中到孵化池或其他容器中孵化；或将产卵后的亲鱼捞出，让受精卵留在原处孵化。小规模生产可用脸盆孵化，每盆放卵500粒左右，静置在室内。用塑料盆（直径60厘米）孵化，盛水约15厘米深，每盆放卵5 000～8 000粒。网箱孵化，放卵1万～2万粒/平方米，将网箱设置在风平浪静处。

大规模生产苗种时，将受精卵放入孵化桶或孵化环道中进行微流水孵化，每平方米放卵10万粒左右。如用50～130平方米水泥池进行静水孵化，一般每平方米放卵1.5万～2万粒。

3. 孵化管理中应注意的问题　鱼卵受精率的高低，水质条件的好坏，能否及时清除死卵，将直接影响孵化率的高低。第一，随时拣出死卵或发霉卵，控制水霉菌感染。如水霉菌感染数量少，可将病卵捞除；如发白的坏卵数量多、危害大时，可泼洒药物。第二，保持水质清洁，注意换水。孵化用水以含适量浮游植物的浅绿色水效果较佳。静水孵化一般每天换水1次。但孵化开始后，不宜过多换水，一般有鱼苗孵出的当天，孵化池换水量为总水量的60%～70%；第二天至第五天，换水量可为80%。第三，保持水温恒定，防止突变。乌鱼受精卵在水温为18℃～31℃时均可孵化，但水温最好控制在24℃～30℃。孵化池上须架遮阳棚，以免阳光直射鱼卵。乌鳢受精卵在水温为25℃～28℃的静水中孵化，需33～38小时可出膜。斑鳢在水温为25℃时，孵化约需36小时。

刚孵出鱼苗全长3.8～4毫米，浮于水面，比四大家鱼的鱼苗要娇嫩得多，应先在原孵化容器或小水泥池中暂养几天，等苗体呈黄色、能自由游泳和集群摄食时，再移入鱼苗池培育。

二、加州鲈的人工繁殖

加州鲈又称大口黑鲈，原产于美国加利福尼亚州，1983年引入我国广东省试养成功，现已成为我国特种名优水产品之一。该品种鱼肉嫩味美，生长快，适应性强，病害少，易捕捞，属温水性鱼类，适合全国各地推广养殖。

（一）繁殖习性

加州鲈在天然水域中2龄个体可达性成熟。人工养殖条件下，通常满1龄的大部分雌、雄鱼性腺可发育成熟。繁殖季节为3～6月份，产卵盛期在4月上旬至5月中旬。水温达14℃～16℃时开始繁殖，产卵适宜水温为18℃～26℃，最适水温为20℃～24℃。卵产在水草、沙窝上。属多次产卵型，每次产卵0.2万～1万粒。

雄鱼有筑巢、守护受精卵孵化的习性。产卵前，雄鱼在池底用水草筑巢，并引雌鱼进巢，用头部碰触雌鱼腹部，促进发情。经一段时间嬉戏，发情达高潮时，雌鱼腹部颤动排卵，雄鱼立即排精。产卵后，雌鱼离去，受精卵黏附在鱼巢上，由雄鱼守护孵化。具黏性的受精卵呈半透明状，卵径为1.5～1.7毫米，呈淡金黄色。在水温为18℃～21℃时，经45小时孵出鱼苗；在水温为24℃～26℃时，30小时即可孵出鱼苗。

(二)亲鱼的培育

1. 亲鱼的选择与雌、雄鉴别 亲鱼一般从人工饲养的成鱼中挑选体质好、个体大、2～3冬龄、体重为1～2千克的个体。雌、雄比为1∶1～1.5。

成熟亲鱼雌、雄差异较明显。雌鱼体形较圆短，腹部膨大柔软，卵巢轮廓明显，上、下腹部大小均匀，腹部中央下凹，生殖孔微红稍突出。雄鱼体形瘦长，生殖孔凹陷，轻压腹部有乳白色精液流出。

2. 培育池与亲鱼放养 亲鱼宜采用专池培育。池塘以面积为667～2000平方米、水深1.5米左右为宜。池底应较硬，最好长有水草，还可在浅水处设一些沙砾滩。培育池要靠近水源，注排水方便。池水溶解氧量要高。雌、雄鱼分养，每667平方米放亲鱼200～300尾，另搭养30～40尾鲢、鳙，以调节水质。

加州鲈亲鱼也可套养在野杂鱼虾较多的四大家鱼亲鱼池中，宜选主养草鱼的池。一般每667平方米放加州鲈亲鱼20～30尾。到繁殖季节前1～2个月，将亲鱼转到事先准备好的专池进行强化培育，能获较好效果。

3. 投喂与管理 加州鲈为肉食性鱼类，具有温和与凶猛肉食性鱼的双重特性。成鱼以小鱼、虾、水生昆虫为食。在人工饲养条件下，能摄食鱼肉块、鱼糜和活饵。在培育期间，每天可投喂冰鲜鱼碎肉，为使亲鱼在性腺发育期得到全面的营养，饲料中应兼投一定的小活鱼虾。也可投一些拌有鱼浆的配合饲料。南方2月底至3月份是亲鱼卵巢迅速成熟的时期，必须进行强化培育，投足饲料。每天上、下午各投1次，日投喂量为鱼体重的3%～5%，以吃完为度。

平时应经常加注新水。冬季要定期冲水，保持水质清新。春季要用微流水刺激，每天1次，每次2～3小时。还要经常开动增氧机，防止亲鱼浮头。

(三)人工催产

加州鲈可在养殖水体中自然产卵，故可将雌、雄亲鱼养在一起在原培育池进行自然繁殖，或选择成熟的亲鱼进行人工催产繁殖。

1. 催产亲鱼选择与配组 华南地区催产期为4月上旬至5月份，当水温达17℃～18℃时，要对亲鱼性腺成熟度进行鉴定。成熟较好的雌鱼体色深，鳃盖光滑，生殖孔红肿外突，轻压腹部可挤出卵粒；雄鱼轻压腹部有乳白色精液。雌、雄鱼按1∶1或2∶3搭配。

2. 注射催产剂 催产可采用单一激素或混合激素注射。雌鱼每千克体重注射剂量为：鲤脑垂体5～6毫克、或绒毛膜促性腺激素1000～2000单位，或鲤脑垂体3毫克、绒毛膜促性腺激素800单位，或绒毛膜促性腺激素500单位、鱼类脑垂体3毫克、促黄体素释放激素类似物20微克。雄鱼剂量减半。繁殖早期采用2次注射法较好，第一针注射全剂量的15%～30%，间隔10～12小时再注射余量。繁殖盛期，雌鱼卵巢发育成熟度好，采用1次注射法即可。

3. 自然产卵与人工授精 亲鱼注射后，可放入经消毒处理的产卵池中让其自然产卵。产卵池面积20～80平方米，水深60厘米，一般2～3平方米放1组亲鱼，池底铺放鱼巢，每2平方米放1个。鱼巢用水草、棕榈片等材料捆扎，也可用40目的聚乙烯网片，分别放在池底。在网片四角压上石头，在上面铺一层6～7厘米厚的细沙。繁殖时，雄鱼也会在沙上做巢，雌鱼将卵产在网片上。

如采用人工授精，要注意观察亲鱼的发情动态。其效应时间在水温为 18℃～26℃时为 30～48 小时。采用湿法人工授精时，操作一定要快，然后将受精卵黏附在鱼巢上孵化。

(四)人工孵化

受精卵可保留在原产卵池中孵化，将产完卵的亲鱼及时捞走，保持水质清新；或等亲鱼产完卵后，将附有受精卵的鱼巢或网片移到别的水泥池或孵化器中孵化。胚胎发育需较高的溶解氧量，在孵化中可用增氧泵进行增氧，最好有微流水。

受精卵在 18℃～25℃范围内，均能正常发育。在水温为 22℃～24℃时，经 32 小时左右可出膜。刚出膜的鱼苗无色透明，腹部有黏性物质而黏附在池底，孵出 3 天后，鱼苗出现黑色素，游到水层中摄食。

三、黄颡鱼的人工繁殖

黄颡鱼为我国重要的优质经济鱼类之一。其肉质细嫩，味道鲜美，营养丰富，无肌间刺，可食部分比例高，产品一直供不应求。目前，黄颡鱼人工养殖正在全国兴起。

(一)繁殖习性

1. 性成熟年龄与怀卵量　黄颡鱼 1 周年可达性成熟。绝对怀卵量在体重 50～100 克的个体一般为 0.3 万～1.2 万粒。人工培育的雌鱼，体重可达 200 克以上，绝对怀卵量超过 2 万粒，相对怀卵量为 84～137 粒/克体重。体重 43.5～135 克的个体，产卵量为 2 928～15 300 粒，平均 8 213 粒，相对产卵量为 96 粒/克体重。

2. 产卵季节与条件　黄颡鱼的繁殖季节在 4 月中下旬至 8 月中下旬，繁殖高峰期一般为 5 月中下旬和 6 月底至 7 月初。池养亲鱼繁殖期稍迟于天然湖泊鱼，卵分批成熟。产卵水温为18℃～

30℃，最适水温为24℃～28℃。黄颡鱼繁殖受气候条件的影响较明显，当天气由晴转阴并有降水发生时可大量产卵。一般喜在水质清新、平静的浅水区产卵，产卵处水深20～26厘米，周围有茂盛的水生维管束植物生长，底部为泥底或有凹形的地段。产卵时间通常集中在夜间8时至翌日清晨4时。

3. 筑巢和护幼 在生殖期间，雄鱼游到自然水体沿岸地带高等水生植物多的浅水区，利用胸鳍在泥底(半硬泥或黑色半软泥)挖一个呈圆形或椭圆形的小泥坑，作为产卵的鱼巢。巢径16～37厘米，深9～15厘米，巢壁光滑，或有少量水生高等维管束植物的须根，产卵受精在巢内进行。雌鱼产完卵即离巢觅食，只有雄鱼在巢里或巢附近守护发育的受精卵和孵出的鱼苗，直至鱼苗能离巢自由游泳摄食时为止。

(二)亲鱼的培育

1. 亲鱼的选择与雌、雄鉴别 亲本无论是野生的还是人工养殖的均可。使用野生黄颡鱼作亲本可避免近亲繁殖，或雌、雄亲鱼来源于两个不同区域，或雌、雄鱼中一个为野生，另一个为人工养殖，交叉繁殖也可避免近亲交配。人工培育的亲本，怀卵量大，繁殖效果较好。亲鱼收集时间以每年的12月份至翌年2月份为宜。要求雌性个体体重在50～100克，雄性在100～150克，体质健壮，无病无伤。

黄颡鱼体长在7厘米以上，雄鱼体较细长，具生殖突；雌鱼相对短粗，无生殖突。同体长鱼，雄性尾柄长与体长之比大于0.13，而雌鱼小于0.13。已达性成熟的亲鱼，一般雄鱼个体比雌鱼大，在肛门后有一长0.5～0.8厘米的生殖突，泄殖孔在生殖突的顶端；雌鱼无生殖突。

2. 培育池与亲鱼放养 培育池面积以1 000～2 000平方米为宜，水深为1～1.5米，要求水源充沛，水质良好，底部淤泥较少或为硬底。亲鱼池每年须进行清整，挖去过多淤泥并消毒。

雌、雄亲鱼宜分池培育，以免成熟亲鱼在池中自行繁殖和雄鱼过早排精，而且雌、雄鱼同池培育因雄性个体大，抢食能力强，会影响雌鱼的摄食和性腺发育。放养密度一般每667平方米放100千克左右(800～1000尾)，在亲鱼池中可混养体长10～14厘米的鲢、鳙鱼种共200～250尾，以控制池的水质。忌放鲤、鲫。雌、雄亲鱼放养比例为1∶1～1.5。

3. 投喂与管理 黄颡鱼为底栖杂食性鱼类。主要食物为螺蛳、小鱼虾、水生昆虫及其虫卵、苦草等水生植物的叶与须根等。单靠池中天然饵料远不能满足亲鱼生长和性腺发育的需要，因此必须补充投喂人工饲料。亲鱼越冬后，一定要采取强化培育措施，投喂质量高的鱼浆、碎肉等。水温在10℃～15℃时，投喂量为亲鱼总体重的1.5%；在15℃～20℃时为2%～3%；在20℃～30℃时为3%～5%。早、晚各投喂1次，投在食料台上或集中在池塘的某一边，饲料以1小时内吃完为宜。在鱼浆原料不足的地方，也可投喂粗蛋白质含量为36%～38%的配合饲料，配制原料主要是鱼粉32%、豆饼32%、玉米粉10%、米糠6%、麸皮16%、过磷酸钙1%以及3%的黏合剂、维生素和矿物质等。

亲鱼池要保持水质清新，溶解氧量在4毫克/升以上，pH值7～8.5。在春、秋季强化培育期间，每隔10天左右要冲水1次，以加速亲鱼性腺发育。投喂时，要注意观察鱼的摄食情况，投喂饲料不要过多，以免造成浪费和影响水质。

(三)人工催产

1. 催产亲鱼选择与配组 催产一般从4月中下旬至9月初都可进行，繁殖盛期为5月中旬至6月中旬。催产亲鱼要求雌鱼腹部膨大、较柔软，卵巢轮廓明显(成熟好的亲鱼卵巢膨大如球)，生殖孔红肿；雄鱼生殖孔尖细、微红，用手挤不出精液。

采用催情自然产卵，雌、雄鱼比例以1∶1.1～1.2为宜；采用人工授精方法，雌、雄鱼比例以1∶0.3～0.5为宜。自然产卵用过的雄鱼如体质仍然较好，经过7～15天的培育后可再次使用。

2. 注射催产剂 催产剂为鲤脑垂体、绒毛膜促性腺激素、促黄体素释放激素A_2和多巴胺拮抗物，单独或混合使用均可，但一般为混合使用。在繁殖早期采用2次注射法，注射间隔为20～24小时，注射剂量：第一针，雌鱼每千克体重为绒毛膜促性腺激素1000单位、鲤脑垂体2毫克，或促黄体素释放激素A_2 10微克、多巴胺拮抗物10毫克，雄鱼为雌鱼剂量的2/3；第二针，雌鱼每千克体重为绒毛膜促性腺激素2000单位、鲤脑垂体4毫克，或促黄体素释放激素A_2 20微克、多巴胺拮抗物20毫克，雄鱼剂量仍为雌鱼的2/3。在繁殖中、后期(5月中上旬后)采用1次注射，雌鱼每千克体重剂量为绒毛膜促性腺激素2500单位、鲤脑垂体2.5毫克，或促黄体素释放激素A_2 25微克、多巴胺拮抗物25毫克，雄鱼为雌鱼剂量的2/3。

3. 自然产卵与人工授精

(1)自然产卵 四大家鱼人工繁殖的孵化环道、水泥池或架设在水体中的网箱均可供黄颡鱼产卵和孵化。在底部平铺产卵鱼巢(棕榈片、聚乙烯网片等)，并用石头压住。将注射催产剂后的雌、雄亲鱼按比例放入产卵池中，如有流水刺激，产卵效果会更好，且产卵较集中。待大部分亲鱼产卵后，移出亲本，让受精卵在原池孵化，或将鱼巢移到另外的池里孵化。受精卵须用10毫克/升的高锰酸钾溶液或其他防水霉菌的药物浸泡。

(2)人工授精 将注射后的亲鱼放入池中，待达到效应时间时，解剖雄鱼取出精巢。成熟好的雄鱼精巢饱满，呈乳白色，剪破精巢马上有精液流出，放入水中精液立即分散。将精巢剪碎或放入碾钵中碾碎，同时将成熟卵挤入瓷盆中，加生理盐水进行人工授精，最后将受精卵均匀铺在鱼巢上，放入孵化池进行孵化。

黄颡鱼的鱼苗生产可根据具体情况选择人工繁殖的方式，早期水温低（4 月中旬水温在 18℃以下）和晚期水温高（7 月份水温达 30℃以上时），可采取人工加温和降温的方法进行人工催产和人工授精。在繁殖盛期（5 月中旬至 6 月上旬），为黄颡鱼大规模人工催产、自然产卵的好时机，其催产率和受精率均较高。

（四）人工孵化

受精卵必须采取静水孵化，因刚出膜的鱼苗身体纤细，卵黄囊较大，在流水冲击下，苗体易与卵黄囊分离，导致鱼苗死亡。孵化可在水泥池、网箱中进行，水体里可充气，加微流水（最好从水体上方添加），但不要使水体产生水流。放卵密度为每立方米水体 2 万～3 万粒，在微流水和充气条件下，放卵密度可适当加大。

黄颡鱼受精卵孵化水温为 19℃～32℃，最适温度为 24℃～28℃。水温低于 19℃时，易孳生水霉菌，孵化率很低。因此，孵化水温应控制在 20℃以上。孵化用水要清洁，无污染，无敌害生物。溶解氧量不低于 5 毫克/升。要遮挡阳光，防止紫外线直射。如有水霉病发生，要及时清除。

四、斑点叉尾鮰的人工繁殖

斑点叉尾鮰又称沟鲇，原种主要分布在美洲，具有生长快、适应性强、易养易捕、肉嫩无细刺等特点。我国于 1984 年首次从美国引进，目前在国内已推广养殖，发展成为我国主要名特养殖品种和重要创汇产品。

（一）繁殖习性

斑点叉尾鮰性成熟年龄一般为 4 龄，体重 1.2 千克以上。在池塘较好饲养条件下，3 龄鱼也能达性成熟。一般雌鱼每千克体重怀卵量为 0.4 万～1.5 万粒，产卵季节在长江中下游地区于 5 月下旬开始，6 月中旬至 7 月中旬达产卵盛期。广东等南方地区产卵要早 20～30 天。产卵水温为 19℃～30℃，最适水温为 23℃～28℃。

斑点叉尾鮰在江河、湖泊、水库和池塘中均能产卵。以水底部为沙质、石砾、硬土底的浅滩较适合，水深一般在 1.3 米左右，喜在僻静、阴暗的鱼巢中产卵，卵产于岩石突出物之下，或在淹没的树根之下或河道的洞穴里。

雄鱼有筑巢护卵习性。发情交配时，雄鱼通常以尾鳍包裹雌鱼头部。雌鱼产卵为间断性的，产出一批卵后雄鱼马上排精，如此反复，直到雌鱼将卵全部产完，整个产卵受精过程达几个小时之久。受精卵具较强的黏性，相互粘连在一起呈半球状，附于水底部。产卵后雌鱼离开，由雄鱼护卵孵化至孵出鱼苗。

(二)亲鱼的培育

1. 亲鱼的选择与雌、雄鉴别　亲鱼以选择体质健壮、生长性能好、4～5 龄、体重 2.5～3.5 千克者较理想。

斑点叉尾鮰的第二性征，一般在未性成熟和非生殖季节时不太明显，难于区分雌、雄。在生殖季节，性成熟的雌鱼头部较小，呈淡灰色，体形较肥，腹部圆而饱满、膨大，卵巢轮廓明显，富弹性，生殖孔呈圆形，凹陷、红肿。雄鱼头部宽扁，较暗淡，呈灰黑色；头部两侧肌肉发达，明显向外凹；体形较瘦，腹部窄长，生殖乳突肥厚，末端尖细。

2. 培育池与亲鱼放养　亲鱼培育池要临近水源，水质良好，池底平坦少淤泥，以硬质或沙质底为最好。面积在 2 000～2 668 平方米，水深 1.5 米左右。在进、排水口要安置拦鱼设施，亲鱼在放养前要进行池塘清整与消毒。

亲鱼的放养密度，一般每 667 平方米放养 100～130 尾，鱼体总重在 200 千克左右。考虑到亲鱼在培育过程中个体增重较快，适当稀养(每 667 平方米放 60～80 尾)有利于亲鱼性腺发育。一般为雌、雄鱼混养，雌、雄比为 1∶1～1.5。为便于控制水质，亲鱼池中每 667 平方米可套养 10 厘米左右的鲢、鳙鱼种共 200～250 尾，忌放鲤、鲫。

3. 投喂与管理　斑点叉尾鮰的食性与鲤基本相似，主要投喂由鱼粉、豆饼、麦麸、米糠等组成的混合饲料(也可用蚕蛹、肉骨粉等代替鱼粉)或人工配合饲料(粗蛋白质含量 33%～36%，粗脂肪含量 7%)，动、植物蛋白质比应达 1∶2。越冬前后的亲鱼应用配合饲料进行精养强化培育。水温在 12℃～20℃时，一般 3～7 天投喂 1 次，投喂量为鱼体重的 1%～1.5%；水温超过 20℃时应天天投喂，日投喂量为鱼体重的 2%～3%。一般以投喂后 15 分钟内吃完为宜。在投喂精饲料的同时，还需投喂高质量的植物性饲料，一般 10 天左右投大麦芽 1 次。有条件的地方，在亲鱼产卵前后 1 个月左右，每隔 10～15 天投喂 1 次动物性饲料(如禽畜内脏、小杂鱼等)，对亲鱼产卵及产后体质恢复效果更佳。

亲鱼池要求水质清新，溶解氧量在 4 毫克/升以上，透明度为 40 厘米左右，pH 值 7.2～8.5。开春后将池水换出一半，并加注新水。产前要加强冲水，将池水降至 1.2～1.3 米深，以提高池水温度。每隔 10 天左右冲水 1 次，产后将池水加深至 1.5 米左右。

(三)自然产卵与人工催产

斑点叉尾鮰的繁殖方式，目前在生产中主要采用池中自然产卵、人工孵化和人工催产、自然产卵受精 2 种方法。

1. 自然产卵、人工孵化　即在亲鱼池中放置鱼巢，让亲鱼在其内产卵，收集受精卵块，经消毒处理后放入专门的孵化槽中，进行人工孵化。

(1)鱼巢的制作与放置　斑点叉尾鮰对产卵巢的选择较严格，

产卵巢的大小以容纳1对亲鱼在其中正常产卵为宜。通常产卵巢长60厘米、宽35厘米、高20厘米。产卵巢的形式多样，一般用旧牛奶桶、木桶、橡胶抽水管或木箱等制成。一端必须留1个开口，让亲鱼自由进出；另一端用10目的尼龙纱布封住口，以防漏卵和便于提巢滤水检查和收集鱼卵。

产卵巢一般平放在池塘四周离池边3～5米远的池底，开口端朝向池中央，并用绳系住，另一端系一个浮子，以便收卵时识别。鱼巢的放置数量一般为亲鱼对数的20%～30%，鱼巢间距5～6米。繁殖季节，当水温达18℃～19℃时，开始放置鱼巢。

(2)收集卵块　当水温达20℃以上时，要经常检查鱼巢内有无卵块。由于斑点叉尾鮰一般在夜间和清晨进产卵巢产卵，检查鱼巢和收集卵块的合适时间为上午10～11时，最迟不超过下午1时。产卵初期，每隔3～4天检查1次，产卵高峰期每天检查1次。检查时，顺着浮标将产卵巢慢慢提出水面，如有卵块，用手轻轻取出，放入盛有产卵池水的桶内，立即运往孵化器中孵化。注意取卵块时，要防止阳光直射，然后再将鱼巢放入池底。如未发现卵块，可移动鱼巢，以刺激亲鱼产卵。

运送卵块一般采用桶带水加盖运输，盛水深只要能浸没卵块即可。运输水温差不要超过4℃。鱼卵在桶内存放不宜过久，以免因缺氧而窒息死亡。如距离远可采用塑料袋充氧运输。

2. 人工催产、自然产卵受精　为缩短群体产卵时间，便于集中孵化，目前生产中已普遍采用人工催产法。选择腹部膨大、柔软、有弹性，卵巢轮廓明显的雌亲鱼进行催产。挖卵观察，大多数卵核偏位。一般雌、雄比为1∶1。

注射剂量：雌鱼每千克体重注射鲤脑垂体4.5～6.5毫克，或绒毛膜促性腺激素900～1 200单位，或促黄体素释放激素类似物20～30微克，或鱼类脑垂体2毫克、绒毛膜促性腺激素600～700单位。雄鱼剂量减半。采用胸鳍基部1次注射。亲鱼注射后放回原亲鱼池或产卵池中，让其在产卵巢中自然产卵受精。注射激素后，一般40～48小时可交配产卵，然后收集卵块进行人工孵化。

由于斑点叉尾鮰雄鱼精液不能挤出，人工授精必须剖腹取出精巢，对雄鱼损失较大，故在生产中不宜采用。

(四)人工孵化

1.孵化方法　斑点叉尾鮰成熟卵为椭圆形，卵径3.5～4毫米，呈深橘黄色，透明，属沉性卵。产出的卵黏合成不规则的块状。受精卵需在流水中孵化。通常将收集的卵块放入10目左右铝丝网布编制的孵化篓(25厘米×20厘米×8厘米)中，在3毫克/升高锰酸钾溶液中浸泡10～15分钟后，连卵带篓悬挂在有流水的孵化槽、孵化环道中孵化。每只孵化篓能容纳1.5千克左右的卵块。

孵化槽是根据斑点叉尾鮰受精卵的特性设计的，为长方形流水槽，一般槽长2米、宽0.7米、深0.4米，有进水管和溢水管。水槽上装有水车式搅水器，转轴上有螺旋式叶片，转速为28～30转/分，促进槽内水体波动与交换，增加溶解氧和使槽中卵块轻微漂动，以除去卵上附着的污物，并使水体中的有机物随水流波动向溢水管外排。同时，进水管以每分钟10～15升的流速加注新水。鱼苗出槽时，可用虹吸方法将集群于槽底的鱼苗吸出。

2.孵化条件与管理　孵化水温为20℃～30℃，要防止水温过高、过低或急剧变化(±5℃)，给胚胎发育带来不利影响。孵化用水要清新，溶解氧量在6毫克/升以上，pH值为7.2～8，要用70～80目筛绢过滤，防敌害生物进入。孵化中要保持一定流速的流水。从受精卵开始至黑眼点出现前，每天需用药物消毒1次。如用高锰酸钾溶液(浓度为3毫克/升)浸泡10～15秒，消毒后用清水漂洗，再继续孵化。要防止阳光直射卵块。如卵块粘连过大(超过1千克以上)，需用手分成小块，以防卵块中央的卵粒因缺氧而死亡。应及时剔除卵块中未受精的白卵和黏附在卵上的污物。

受精卵在水温为 22℃～25℃时，孵化时间为 6～7 天；在 25℃～28℃时，为 4.5～5 天。刚孵出的鱼苗细长，一般在 8 毫米左右，较透明。在水底停留 2～3 天后，开始游到水表层。待卵黄囊消失，鱼苗体长达 1.35 厘米左右、能自由摄食时，移入鱼苗池培育。

五、虹鳟的人工繁殖

虹鳟为冷水性鱼类，原产于北美洲的太平洋沿岸，在国际市场上被列为高档名贵鱼类，养殖已遍布世界五大洲。它不但适合池塘高密度流水养殖，也适合网箱、工厂化养殖。我国于 1959 年从朝鲜引进，目前全国已有 28 个省、自治区、直辖市进行了不同程度的养殖。

(一)繁殖习性

虹鳟雌鱼一般 3 龄性成熟，雄性 2 龄性成熟，成熟个体体长为 15～40 厘米，怀卵量为 1 000～7 000 粒。

产卵季节受水温、光照影响大，在北京、山西等地为 12 月份至翌年 1 月份，在辽宁、黑龙江地区为 3～5 月份。产卵水温为4℃～13℃，最适水温 8℃～12℃，喜在水浅流急的沙底或石砾底河川或溪流中产卵。

亲鱼有筑巢习性，雌鱼挖产卵坑，卵产于坑穴内，每个产卵坑内通常产卵 800～1 000 粒。卵呈橙黄色，卵径 4～7 毫米，卵膜厚、稍透明，为沉性卵。受精卵孵化期较长，在水温为 10℃～12℃时，需 26～30 天孵出。

(二)亲鱼的培育

1. 亲鱼的选择与雌、雄鉴别 亲鱼培育可从鱼种阶段开始，将培育与选育相结合；也可在亲鱼产卵前1个月左右，从已达性成熟的个体中选择。亲鱼应选体重1千克以上、4～5龄、体质健壮、色泽鲜艳、无病无伤的个体。

已达性成熟的雌、雄鱼有明显差异。雄鱼头较大，口大，吻端较尖，下颌向上弯曲呈钩状，背部略隆起，体色较深发黑，腹部硬；雌鱼头较小，口小，吻端圆钝，上、下颌等长，背部不隆起，体色较淡，腹部大而柔软，泄殖孔明显外突，生殖器发红。

2. 培育池与亲鱼放养　亲鱼培育池以面积为300～1 000平方米、水深1～1.5米、沙石底质者为好。池水溶解氧量在6毫克/升以上，pH值7左右。在亲鱼放养前须用药物清池消毒。

放养密度，每平方米为5～10千克，雌、雄鱼一般混养，到产卵前1个月时进行分养。雌、雄放养比例为3～4∶1。

3. 投喂与管理　虹鳟为肉食性鱼类，饲料质量的好坏是培育亲鱼的关键。培育期间要投喂营养平衡和充分的人工配合饲料，粗蛋白质含量应高于40%，粗脂肪含量应低于6%，碳水化合物含量低于12%。应尽量采用动物蛋白源作亲鱼饲料，饲料中富含甲壳动物、酵母、维生素E、胡萝卜素等有助于提高鱼卵质量。其参考饲料配方为：鱼粉40%、虾粉15%、豆饼粉25%、麦麸10%、小麦粉5%、酵母粉5%，另添加维生素0.2%、矿物质2%。有条件的地方可在亲鱼产前1～2个月和产卵后一段时间，全部投喂新鲜的小杂鱼等动物饲料。日投喂量为鱼体重的1%～2%。

投喂的基本原则是：在性腺恢复期，可加大植物性饲料的投喂量，特别是富含色素的饲料，避免亲鱼过度肥胖而影响性腺发育；在产卵前后的一段时间内，增加动物性饲料的比例，促进性腺发育；在产卵期间，可减少投喂量或停食。日常投喂时，动物性饲料占30%～45%，植物性饲料占55%～70%。

亲鱼培育池适宜水温为5℃～13℃。产卵期前6个月，水温不超过12℃有利于获得优质卵。周年水温若超过17.5℃，亲鱼便不能成熟。光照应尽量控制在12小时以内。池水流量为30～50升/秒，平均每小时更新1～2次。为促使性腺成熟，在培育前期注水量可稍小些，后期应大一些，在产卵前每天换水1次，换水量为池水的1/4～1/3。

在临近产卵期时，亲鱼食欲减弱，雄鱼追逐雌鱼，此时应将成熟度不同的亲鱼分别蓄养。蓄养密度为1尾/平方米，水流量保持在30升/秒以上。

4. 光照期调节 光照期是影响虹鳟性腺发育的重要因素，通过调节光照周期，可调节虹鳟的排卵期。在人工光照条件控制下，可使亲鱼提前1～2个月产卵。实验表明，在培育后期进行短日照处理，可使虹鳟产卵高峰期提前4周；前期长日照处理，产卵高峰期提前5周以上；长日照后短日照处理，可使产卵高峰期提前12周。前期长日照的作用可能是促进性腺的恢复，加速性腺再发育的启动。

（三）人工授精

1. 亲鱼成熟度鉴别 成熟度较好的雌鱼体色变暗，腹部膨大而柔软，尾柄上提可见卵巢轮廓，用手触摸有卵粒分离感，泄殖孔红肿外突，轻压腹部有卵粒流出；成熟的雄鱼体表粗糙，泄殖孔周围较柔软，轻压腹部有乳白色精液流出。

在生殖季节，通常雌鱼不是同时成熟，成熟卵在雌鱼体内保持受精时间为5～8天，精子维持的时间一般为10～20天。因此，需每隔7～8天进行1次成熟度鉴别，对成熟好的雌鱼适时采卵进行人工授精。

2. 人工采卵与授精 当发现雌、雄鱼相互追逐时，表明即将产卵。在采集精、卵前2～3天要停食。采卵时，把鱼体表的水擦干，将成熟卵挤入多孔采卵盆中，用等渗液（氯化钠90.4克，氯化钾2.4克，氯化钙2.6克，依次溶于10升水中，温度调至4℃以上）淋洗，其目的是更好地将破卵残液和鱼体液洗掉，有利于受精发育。然后倒入受精盆中，按5～7尾雌鱼的卵配用2～3尾雄鱼精液，即大约每1万粒卵加入10毫升精液，均匀搅拌，使之受精。加水冲洗，将过量的精液与卵皮洗出，加水静置0.5～1小时，待受精卵吸水膨胀后，经计数，转入孵化器孵化。

注意整个采卵、授精过程要遮光，宜在室内进行，操作要细心。虹鳟精子遇水后快速运动时间为40秒，采精时要擦干鱼体。采过精的雄鱼，数天后可重复使用。

(四)人工孵化

1.孵化方法 孵化器主要有以下2种。

(1)桶式孵化器 用市售塑料桶，中部竖一内径3.2厘米、高29厘米的塑料管，套入圆径3毫米的多孔塑料板中央，将塑料板固定在距离底部3.5厘米处。每桶可孵化卵径5毫米的卵6万～10万粒。

(2)平列槽 由玻璃钢制成，上口长3米、宽42厘米，底长2.98米、宽40厘米，高17厘米。槽后部有一内径为5厘米的排水管，可上下活动调节槽内水位。槽内装有6个正方形小槽(上口边长42厘米，底边长40厘米)，底部和后部小窗上有圆径2毫米的多孔篦，水从底部进入水槽，从后部多孔篦流出。每个平列槽放卵5万粒。

2.孵化管理 孵化水源要清新并经过滤，溶解氧量在6.5毫克/升以上，pH值以6.4～7.4为宜。循环水流量每万粒卵为6～10升/分，孵化适温为7℃～13℃。受精卵须在暗处孵化，避免日光直射。每隔4～5天，将死卵和未受精卵拣出，必要时洗卵，清除黏在卵膜上的污物。每周用2%食盐水消毒30分钟，以防水霉菌生长。胚胎在原肠期和体节分化期时应避免使卵受到震动和机械刺激。

虹鳟卵从受精至孵出，其孵化积温为343℃左右，在12℃条件下需26天出膜。当桶式孵化器内开始出现鱼苗破膜时，应把桶内的卵移入平列槽内，注水流量控制在40升/分，使鱼苗在槽内吸收卵黄，达到上浮期。初孵鱼苗全长15～18毫米，侧卧在阴暗的水底，水温12℃时经23天卵黄囊被吸收2/3，鱼苗开始上浮水面游动、摄取外界食物。上浮鱼苗全长18～28毫米，可移入鱼苗池中培育。

六、黄鳝的人工繁殖

黄鳝属亚热带的淡水经济鱼类，其肉质细嫩，味道鲜美，营养价值高，可食用部分高达65%以上。它不仅有重要食用价值，且具有良好的药用功能。黄鳝生命力强，对水质要求不高，养殖方法简便，成本低，效益高，便于活体运输，国内外市场销售情况一直很好，特别适合农村家庭养殖，是很有养殖前途的品种。

（一）繁殖习性

1. 性成熟年龄与怀卵量　黄鳝一般2冬龄时性成熟，最小性成熟年龄为1冬龄，体长仅20厘米左右。生殖腺仅1个，位于腹腔的左侧。绝对怀卵量较少，一般为300～800粒。体重23～257克的个体，最小怀卵量仅128粒，最多为1 385粒。黄鳝不会一次性将卵全部产出，只能产所怀卵量的50%左右。

2. 性逆转与性比　黄鳝为雌、雄异体，在个体发育中，具有性逆转的特性，即从胚胎发育直到第一次性成熟时，全为雌性。当雌鱼产卵后，卵巢逐渐退化变为精巢，并产生精子，而变为雄性，并成为终生的雄性。多数黄鳝在2龄以后，体长25～37厘米时转入雌、雄间体阶段，卵巢中的卵母细胞逐渐退化，起源于细胞索中的精母细胞开始发生，并逐渐增大，性腺向雄性发展，前期倾向于雌性，后期倾向于雄性，但卵巢与精巢并存于体腔内。

黄鳝生殖群体在整个生殖期间都是雌性个体多于雄性个体。在上海地区调查表明，1 龄鳝雌、雄比为 7.3∶1，2 龄鳝为 3∶1，3 龄鳝为 0.88∶1，4 龄鳝为 0.34∶1，5 龄、6 龄鳝中还有 20%～30%的雌性个体。

在繁殖期雌性比例大于雄性，尤其在 5～6 月份雌性比例最高。在自然界中，黄鳝的繁殖多属于子代（雌鳝）与亲代（雄鳝）的配对，也有与前两代雄性个体配对的，当生殖群体缺乏雄性个体时，同批黄鳝中就有少部分雌性个体提前转为雄性，再与同批雌鳝配对繁殖后代。

3. 繁殖季节与性周期 黄鳝在长江中下游地区，繁殖期为 5～8 月份，产卵盛期为 5～6 月份；在黄河以北地区，繁殖期为 6～9 月份，高峰期为 7～8 月份。在自然条件下，黄鳝属 1 年 1 次产卵类型，由于不同个体的性成熟不一致，其产卵期较长。

黄鳝产卵后至 12 月份，成熟系数明显下降，卵巢由第Ⅵ期退化回复到第Ⅱ期，翌年 1～3 月份，由第Ⅱ期发育到第Ⅲ期，4 月下旬卵巢发育进入第Ⅲ至第Ⅳ期，5 月中旬至 7 月底卵巢由第Ⅳ期转入第Ⅴ期，雌性成熟系数最大达 29%，雄性成熟系数最大 0.28%。

4. 筑巢护幼 黄鳝繁殖前，亲鳝先钻繁殖洞。繁殖洞一般在杂草堆或水生植物等附近的埂边，洞口通常开在埂的隐蔽处，洞口下缘没在水中。产卵前，亲鳝在洞穴附近吐出特殊的泡沫团作为产卵巢，雌鳝将卵产在泡沫堆里。与此同时，雄鳝排精使之受精，受精卵借助泡沫的浮力而漂浮在水面孵化。

受精卵呈橘黄色，透明有光泽，为沉性卵。卵大而圆，卵径为 2～4 毫米，吸水膨胀后达 3.8～5.2 毫米。受精卵在 25℃左右的水温中，经 9～11 天鳝苗即破膜而出。刚孵出的鳝苗体长 1.2～2 厘米，卵黄囊大，在出膜 5 天后卵黄囊基本消失，开始向外界摄取食物。亲鳝有护卵、护幼习性，一般要守护到鳝苗卵黄囊消失，并能自由摄食为止。

(二)亲鳝的培育

1. 亲鳝的选择与雌、雄鉴别 亲鳝可从市场上收购性成熟的野生个体,或人工养殖培育成的个体。但野生个体当年引种繁殖,需要经一段时间培育后才能达到人工养殖个体的繁殖水平。

供人工繁殖用的亲鳝,要求体质健壮,体呈黄色,最好为黄斑鳝。规格要基本整齐,雌鳝以体长 30 厘米左右、体重 50～200 克者为好;雄鳝以选体长 42 厘米以上、体重 200～500 克者为宜。雌、雄配比为 2～4∶1。

在繁殖季节,雌、雄亲鳝易鉴别,雌鳝腹部膨大呈纺锤形,可见卵巢轮廓,腹部柔软、有弹性,呈浅橘红色,生殖孔红肿;雄鳝腹部较小,腹面有网状血管分布,呈血丝状斑纹,能挤出少量透明状的精液。

2. 培育池与亲鳝放养 培育亲鳝最好设稻田网箱,网箱规格以 10～20 平方米为好,网箱底埋入泥中 20 厘米左右,为适应黄鳝穴居打洞的习性,泥土应高低不平,水位保持在 30 厘米左右,箱内布放少量水葫芦,约占网箱面积的 1/5。亲鳝放养时间宜在 3 月底至 4 月初,最迟到 4 月底。放养密度以 0.5 千克/平方米为好,密度过大不利于黄鳝的产卵交配。

3. 饲养管理 黄鳝营底栖生活,是以动物性食物为主的杂食性鱼类。喜食水蚯蚓、蝌蚪、幼蛙、小鱼、小虾、水生昆虫等,也兼食有机碎屑与浮游植物。在培育中,亲鳝对蛋白质的需求量较大,要求投喂动物性鲜活饵料,如蚯蚓、蝇蛆、螺蚬蚌肉、鲜鱼等,以促进性腺发育。投喂应坚持“四定”原则,每日傍晚 5～7 时定点投喂 1 次,日投喂量为鳝体重的 5%左右。

培育池在 4～5 月份每隔 7 天换水 1 次,产卵期(6～8 月份)每隔 2～3 天换水 1 次。要控制池中水葫芦的生长,以不超过网箱面积的 1/3 为宜,保证网箱中的光照。在春季低温期要预防黄鳝患水霉病,夏季高温期要防治细菌性疾病。

(三)人工催产

1. 注射催产剂　人工催产宜选择在 5 月下旬至 7 月份进行。催产剂量,雌鳝每千克体重用促黄体素释放激素类似物 10～20 微克;或绒毛膜促性腺激素 800～1 000 单位,或鲤脑垂体 3～5 毫克,或多巴胺拮抗物 10 毫克。通常采用 1 次注射。雄鳝在雌鳝注射后 24 小时再注射,每尾注射促黄体素释放激素类似物 10～20 微克。

注射时,将选好的亲鳝用干毛巾或纱布包好,防止滑动,注射深度不超过 0.5 厘米,注射液每尾不超过 1 毫升。将注射后的亲鳝放入水族箱或网箱中暂养。由于采用注射方法操作较麻烦,现有的采用口服法,即将激素拌饵投喂,大规模繁殖用此法较好,且对亲鳝伤害较小,但催产激素有一定的损失。

2. 产卵与人工授精　暂养在水族箱的亲鱼,要保持水深 20～30 厘米,每天换水 1 次。黄鳝在催产 24 小时后,开始吐泡沫,吐泡沫后的第三天开始产卵,完成自然受精过程。如采用人工授精,在水温 25℃以下,注射后 40 小时要开始检查亲鳝卵巢发育情况,每隔 3 小时检查 1 次。其方法是用手捉住雌鳝,触摸腹部,由前向后移动,如感到腹部很柔软,轻压腹部有卵流出时,即可进行人工授精。边挤卵,边剖开雄鳝腹部取出精巢,用剪刀把精巢剪碎,放入盛有卵的容器中,充分搅拌均匀。此法操作麻烦,对雄亲鳝伤害较大。

(四)人工孵化

鳝卵产出后,可将受精卵留在原产卵池中自然孵化,为便于以后收苗,最好用水葫芦将受精卵包围。孵化期间主要是管好水质,经常换水，并保证亲鳝食物供应充足，避免亲鳝因饥饿吞食鳝卵。也可将受精卵及时捞出，用缸、盆、水族箱、小网箱等进行静水或半流水孵化。孵化水深一般控制在10厘米左右，水不能太深。水温控制在25℃～30℃，换水时水温不宜相差过大(±5℃)。要防止卵堆积，并及时清除未受精卵和死卵，以免污染水质。黄鳝卵孵化时间较长，一般需5～11天。鳝苗孵出5天后，转为摄取外界食物为生，应转到鱼苗池培育。

七、罗非鱼的人工繁殖

罗非鱼为广盐性的热带鱼类，原产于非洲内陆水域。具有生长快、食性广、繁殖快、养殖周期短、发病少、群体产量高等优点，已成为世界各国重要的水产养殖对象。在引入我国的多个品种中，以尼罗罗非鱼养殖较普遍。下面以尼罗罗非鱼为例，介绍罗非鱼的繁殖技术。

(一)繁殖习性

罗非鱼性成熟早，产卵周期短。尼罗罗非鱼一般4～6个月达到性成熟。在广东、福建地区3个月可达首次性成熟。初次性成熟的亲鱼产卵量少，一般100～150粒。体长18～32厘米的个体产卵数为1 000～1 600粒。在长江流域，1年一般可产卵3～4次或更多。产卵水温为20℃～38℃，最适水温为24℃～32℃，若水温始终保持在25℃～30℃，则可终年产卵。

罗非鱼具有雌鱼口腔含卵孵化的独特繁殖习性。在繁殖季节，雄鱼先在池边或池底用嘴挖窝。尼罗罗非鱼的产卵窝较大，一般直径为60～120厘米，大的可达200厘米，深15～30厘米。窝挖好后，雄鱼引诱雌鱼入窝产卵，卵产出后雄鱼立即排精。雌鱼产一部分卵后，随即将卵和精液吸入口中，使卵在口腔内受精。经

2～3分钟后，又重复上述过程，直到产完。产卵时间为15～20分钟，分4～6次产完。受精卵在雌鱼口腔内孵化。若温度保持在25℃～27℃，经5～7天可孵出鱼苗。刚孵出的鱼苗，仍被雌鱼含在口内，偶尔让其出来游动，一旦遇到敌害或受惊吓，雌鱼立即将鱼苗含入口中，直至鱼苗长到1.5厘米左右，能独立生活为止，才离开雌鱼。

(二)亲鱼的培育

1. 亲鱼的选择与雌、雄鉴别　用于繁殖的亲鱼，雌鱼体重以200～300克为好，雄鱼体重以250～400克为好，要求体质健壮，无病无伤。

性成熟后的雌、雄鱼性征明显，易于区别。雌鱼腹部有3个孔，依次为肛门、生殖孔和泌尿孔，泌尿孔在生殖突的顶端，生殖孔内与输卵管相通；雄鱼只有2个孔，即肛门和泄殖孔(泌尿孔和生殖孔合为一个开口)，泄殖孔位于生殖突的末端。在繁殖季节，雄鱼具有明显的婚姻色，即体呈红棕色，头及两侧为微红色，尾鳍、臀鳍和胸鳍边缘呈鲜艳的红色；而雌鱼体色为灰黄色，尾鳍边缘为淡红色。此外，在同龄鱼中，雄鱼个体明显大于雌鱼。

2. 培育池与亲鱼放养　亲鱼培育池也是繁殖时的产卵池。池要靠近水源，通风向阳，环境安静，池底平坦，底质以壤土或沙壤土为好，有利于亲鱼挖窝产卵。以面积为667～1 330平方米、水深1.5～2米为宜。亲鱼入池前15天左右，要按常规彻底清池消毒和施基肥，以清除敌害、培肥水质。

当天气转暖、水温稳定在18℃以上时，便可将亲鱼从越冬池移入培育产卵池饲养。在广东、福建地区亲鱼放养一般在3月底或4月初，江南地带一般为4月下旬，北方一般为5月上中旬。应在天气晴朗时进行，放养时越冬池水温与培育产卵池水温不宜超过2℃。

放养密度视鱼苗培育方法确定。若鱼苗在产卵池内直接育成夏花鱼种，亲鱼应少放些，一般每667平方米放100～120千克；若将孵出的鱼苗分出产卵池培育，每667平方米放亲鱼150～200千克，即放规格为250～300克的亲鱼600尾左右。雌、雄亲鱼的成熟度要尽量一致，并一次放足，以便集中产卵，有利于鱼苗培育。雌、雄比例为3～4∶1。

3. 投喂与管理 亲鱼越冬后，体质一般较瘦弱，必须加强培育，促使亲鱼体质迅速恢复和性腺发育成熟。亲鱼放养后，要立即做好投喂与施肥工作。罗非鱼是以摄食植物性饵料为主的杂食性鱼类，可投喂豆饼、米糠等精饲料，日投喂量为鱼体重的3%左右，以吃饱不剩为宜，每日上、下午各喂1次。同时，每隔4～5天要施肥1次，每667平方米施粪肥25～50千克，绿肥50～100千克，少量多次，以培育浮游生物供亲鱼摄食。投喂与施肥的数量应根据天气、水温、水质和鱼的摄食情况灵活掌握。

培育期间，要适时加注新水或换水，保持良好水质，防止池水过肥造成严重缺氧。加水时要严防野杂鱼等敌害生物进入培育池。

(三)自然产卵孵化

罗非鱼在池塘人工饲养下能自然产卵繁殖。临近产卵时，将池水放浅至0.5～1米，即可促使亲鱼挖窝产卵，同时有利于水温提高和便于捕苗操作。当水温达21℃以上时，雌、雄亲鱼陆续发情，在池中自然配对。若见到雌、雄鱼在池边相互追逐，雄鱼有挖坑动作时，表明快要产卵。亲鱼产卵后，受精卵被雌鱼含入口腔内孵化，在水温30℃左右时，经4～5天可孵出鱼苗。此时，要经常巡塘，注意观察亲鱼的活动，掌握好产卵和出苗日期。

鱼苗出膜后经6～7天，体长达7毫米左右，在池边水面可见群游的鱼苗，此时应及时采苗。采苗方法有捞苗和捕苗2种。捞苗一般在清晨或傍晚苗较集中时进行。用筛绢制的三角小手抄网沿塘边水下30～40厘米处捞取，捞到的苗数量较多时，集中到邻近池塘中的网箱内暂养，然后进行过数，转入鱼苗池培育。捕苗是在亲鱼产卵孵出大批鱼苗后，用质地柔软的鱼苗网扦捕。初期每隔4～5天捕1次，到出苗高峰期，每2～3天捕1次。最好选在晴天上午9～10时进行，在池边慢慢扦捕，反复几次。将捞起的鱼苗放在网箱中短时间暂养后，过数，移入培育池饲养。让亲鱼继续留在池中产卵孵化。

在罗非鱼繁殖中尚应注意以下几点：一是培育产卵池以投喂精饲料为主，施肥为辅，要防止亲鱼浮头吐卵；二是用鱼苗网捕苗时，不能全池围捕，以免惊动亲鱼；三是防止亲鱼因饥饿而吞食鱼苗。

思考题

1. 何谓对配和群配？乌鱼繁殖采用对配有何好处？
2. 试述加州鲈亲鱼培育方法。
3. 如何进行黄颡鱼的人工授精与孵化？
4. 如何进行斑点叉尾鮰的自然产卵和人工孵化？
5. 怎样培育虹鳟亲鱼？
6. 试述黄鳝性逆转与筑巢产卵特性。

参考文献

[1] 王武.鱼类增养殖学.北京:中国农业出版社,2000.

[2] 单健,张建森.家鱼人工繁殖技术.北京:中国农业出版社,1984.

[3] 张扬宗,谭玉钧,欧阳海.中国池塘养鱼学.北京:科学出版社,1989.

[4] 殷名称.鱼类生态学.北京:中国农业出版社,1995.

[5] 曹克驹.名特水产动物养殖学.北京:中国农业出版社,2004.